落石対策工の
設計法

落石運動の予測から性能評価まで

勘田　益男
西川　幸成
中村健太郎 共著

森北出版株式会社

●本書のサポート情報を当社Webサイトに掲載する場合があります．
下記のURLにアクセスし，サポートの案内をご覧ください．

https://www.morikita.co.jp/support/

●本書の内容に関するご質問は，森北出版 出版部「(書名を明記)」係宛
に書面にて，もしくは下記のe-mailアドレスまでお願いします．なお，
電話でのご質問には応じかねますので，あらかじめご了承ください．

editor@morikita.co.jp

●本書により得られた情報の使用から生じるいかなる損害についても，
当社および本書の著者は責任を負わないものとします．

■本書に記載している製品名，商標および登録商標は，各権利者に帰属
します．

■本書を無断で複写複製（電子化を含む）することは，著作権法上での
例外を除き，禁じられています．複写される場合は，そのつど事前に
(一社)出版者著作権管理機構（電話03-5244-5088, FAX03-5244-5089,
e-mail：info@jcopy.or.jp）の許諾を得てください．また本書を代行業者
等の第三者に依頼してスキャンやデジタル化することは，たとえ個人や
家庭内での利用であっても一切認められておりません．

まえがき

　我が国は急峻な山地や不安定な地質からなり，火山活動も活発であるうえ，プレートの境界に位置することから地震が多発する環境にある．また，降雨や積雪も多く，さまざまな自然災害の発生によって甚大な被害を受けてきた．山間地域では土砂崩壊や雪崩，落石が多発し，これらの災害によって，時には人命が失われ，交通は遮断され，地域住民の生活に重大な影響が及んでいる．

　こうしたなかで，近年，山間地域の道路交通の安全性確保に対する社会的要求が高まってきており，平成2年度に実施された落石など危険箇所の総点検および平成8年度から始まった道路防災総点検に基づき，緊急性の高い箇所から防災対策が実施されている．落石対策施設については，落石という不確定な事象の性格上，落石対策の計画・設計に必要となる落石の運動特性の推定が明確ではないため，設計にはさまざまな不明確さがあると指摘されてきた．本来，社会資本整備は明確な基準書に基づいて計画・設計・施工されるべきであり，落石対策では，「落石対策便覧」（日本道路協会）が基準書として広く用いられているが，それでも不明確な点は残っている．

　このたび，「落石対策便覧」が17年ぶりに改訂されたことを受けて，前回の「落石対策工設計マニュアル」（理工図書）から大幅に内容を刷新して「落石対策工の設計法：落石運動の予測から性能評価まで」を執筆した．今回は，前回の出版に際していただいたさまざまのご要望やご批判を受けて，実務に役立つことはもちろん，最新の研究事項なども盛り込んで，前回よりも技術的に踏み込んだ内容となるように編集した．具体的には，不明瞭だった落石運動に関する運動エネルギーや跳躍量の推定・予測に関する最新研究や，便覧で改訂された内容の解説や，これらに伴う新たな対策工の技術的評価，防護対策工の動的応答解析による性能評価などの信頼性の高い最新技術を盛り込んだ．

　もっとも，この1冊で落石対策の全容を詳細に表現できているという性質のものではなく，不適当な記載や誤りも多いと思われるため，大方のご批判を願ってやまない．

　終わりに，本書を執筆するにあたり，落石対策便覧の改訂を執筆された方々，貴重な資料文献を参考にさせていただいた各著者に感謝申し上げるとともに，いっそうの鞭撻を乞う次第である．また，本書の出版の労をとられた森北出版のご厚意に心から御礼申し上げる．

平成31年1月

著　者

目　次

第1章　序　論 ——————————————————————— 1
   1.1　落石の定義と分類　1
      1.1.1　落石の定義　1
      1.1.2　落石の素因と誘因　2
   1.2　落下速度と運動エネルギーの推定および跳躍量の予測における課題　3
      1.2.1　落下速度と運動エネルギー　3
      1.2.2　跳躍量　4
   1.3　落石対策便覧の主な改訂内容　4
   1.4　本書の構成　5

第Ⅰ部　落石運動の予測

第2章　落石運動エネルギーの推定 ——————————————————— 8
   2.1　落石運動エネルギーの推定における課題　8
   2.2　落石シミュレーションの概要　11
      2.2.1　落石シミュレーションの手法　11
      2.2.2　落石の運動形態とシミュレーションに必要なパラメータ　12
      2.2.3　その他の必要なデータ　16
      2.2.4　落石シミュレーションの手順　16
   2.3　落石シミュレーションからの等価摩擦係数の推定　18
      2.3.1　落石シミュレーションの信頼性　18
      2.3.2　落石シミュレーションからの等価摩擦係数の逆算　20
      2.3.3　落石運動エネルギーの推定に必要な等価摩擦係数の提案　24

第3章　平坦斜面における落石跳躍量の予測 ————————————————— 25
   3.1　落石跳躍量の予測における課題　25
   3.2　落石シミュレーションによる跳躍量の予測　26
      3.2.1　落石シミュレーションによる跳躍量データ　26
      3.2.2　跳躍量の分析　29
   3.3　跳躍量の予測方法　33

第4章　凹凸斜面における落石跳躍量の予測 ———————————————— 35
   4.1　凹凸斜面における落石跳躍量について　35
   4.2　基本的な方針　36
   4.3　線運動の場合 (Case A)　37
      4.3.1　飛び出し角度が斜面勾配の場合 (Case A-1)　37
      4.3.2　飛び出し角度が斜面勾配と異なる場合 (Case A-2)　39
   4.4　跳躍運動の場合 (Case B)　40
      4.4.1　入射角度の推定　40

        4.4.2　衝突位置が急斜面の場合（Case B-1）　46
        4.4.3　衝突位置が緩斜面の場合（Case B-2）　49
    4.5　線運動と跳躍運動の判定　52
    4.6　凹凸斜面と平坦斜面の判定　52

第 II 部　落石対策工の評価と設計法

第 5 章　落石予防工の評価と設計法 ———————————————— 54
    5.1　落石予防工とは　54
    5.2　接着工　54
        5.2.1　落石安定性の振動調査法　55
        5.2.2　模型実験（その 1）　60
        5.2.3　模型実験（その 2）　64
        5.2.4　現場実験　72
        5.2.5　評　価　76
    5.3　大規模岩塊ワイヤロープ掛工　77
        5.3.1　概　要　77
        5.3.2　構　造　78
        5.3.3　設　計　80
    5.4　根固め工　88
        5.4.1　接着根固め工の特徴　88
        5.4.2　接着根固め工の施工事例　89

第 6 章　落石防護工の評価と設計法 ———————————————— 94
    6.1　落石防護工とは　94
    6.2　ポケット式落石防護網および落石防護柵の実験による性能照査方法　94
        6.2.1　実験による性能照査方法の解説　94
        6.2.2　高エネルギー吸収型ポケット式落石防護網　96
        6.2.3　支柱自立式落石防護柵　100
        6.2.4　ワイヤロープ支持式落石防護柵　102
    6.3　高エネルギー吸収型ポケット式落石防護網　104
        6.3.1　概　要　104
        6.3.2　高エネルギー吸収型ポケット式落石防護網（ネットタイプ）　105
        6.3.3　高エネルギー吸収型ポケット式落石防護網（ロープタイプ）　108
    6.4　高エネルギー吸収型落石防護柵　119
        6.4.1　支柱自立式落石防護柵　119
        6.4.2　ワイヤロープ支持式落石防護柵　123
    6.5　落石緩衝杭　128
    6.6　緩衝機能をもつ落石防護擁壁　134
        6.6.1　設計の現状　135
        6.6.2　落石防護擁壁に緩衝材を設置した事例　136
        6.6.3　発泡スチロールの吸収エネルギー算定　137
        6.6.4　擁壁面に作用する衝撃力の算定　140
        6.6.5　設計の考え方　140
    6.7　ロックシェッド用緩衝材の再利用評価　141
        6.7.1　発泡スチロールの繰り返し圧縮試験　141
        6.7.2　設計式　142

6.7.3 重錘落下実験による照査　143
6.7.4 復元性メカニズムの推定　145
6.7.5 設計方法　146
6.7.6 まとめ　147

第7章　落石防護工の性能評価における動的応答解析の活用と展望　148

7.1 落石対策における動的応答解析について　148
7.2 基本方針と検討ケース　149
　7.2.1 基本方針　149
　7.2.2 検討ケース　149
7.3 動的応答解析の概要と特徴　152
　7.3.1 動的応答解析の概要　152
　7.3.2 動的応答解析の特徴　152
7.4 動的応答解析におけるモデルとパラメータの設定　154
　7.4.1 解析条件の入力　154
　7.4.2 解析条件の検討　158
7.5 動的応答解析による衝撃性能評価　164
　7.5.1 検討ケース1　164
　7.5.2 検討ケース2　166
　7.5.3 検討ケース3　170
7.6 まとめ　172
　7.6.1 設定条件やパラメータについて　172
　7.6.2 ポケット式落石防護網のエネルギー吸収機構　173
　7.6.3 動的応答解析の活用の展望　174

第8章　落石対策における今後の課題　176

8.1 落石条件の設定方法における課題　176
8.2 将来的に想定される課題　177
　8.2.1 要求性能設定における課題　177
　8.2.2 変形する落石防護工における道路空間の安全性確保の課題　178
　8.2.3 落石防護工の部材と防護性能に関する課題　179

資料　落石対策便覧の改訂点　182

1　改訂の概要　182
2　落石対策施設の要求性能　188
3　落石予防施設の計画・設計における改訂点　191
4　落石防護施設の計画・設計における改訂点　192
5　落石対策施設の維持管理における改訂点　199
6　改訂点の細部解説　207
　6.1 覆式落石防護網の横ロープに作用する荷重算定の変更　207
　6.2 落石防護柵の端末支柱の設計方法　207
　6.3 落石防護柵の擁壁基礎または直接基礎における柵支柱根入れ部のかぶり照査の変更　208
　6.4 落石防護工における落石作用に関する性能水準と設計手法の考察　209

索引　211

第1章　序論

1.1 落石の定義と分類

1.1.1 落石の定義

　落石は，岩盤の不連続面（岩盤内にあるさまざまな弱面で，微細亀裂・シーム・層理・葉理・片理・節理・断層・破砕帯・構造線など）が何らかの原因で拡大・開口した後，岩塊や岩片が剥離し，重力運動によって地表から分離し，個々の岩塊・岩片がランダムな状態で斜面下方へ落下し，緩勾配の地形や平坦面で停止し，これらの運動が比較的短時間（数秒～数十秒）で終息する現象である．また，落下し，停止した岩塊・岩片も落石とよばれる．表層堆積物，火山噴出物，固結度の低い砂礫層中の岩塊・玉石・礫なども，もともとは岩盤を形成していたものが，何らかの活動で堆積物となり，不安定化が進行し，斜面を落下することにより落石となる．落石では，落下する斜面の状況が重要である．また，落石の発生源は斜面に単体で数多く分布するケースが多いため，落下する岩塊を個数で表現することが一般的である．典型的な落石の概念を**図 1.1**に示す．

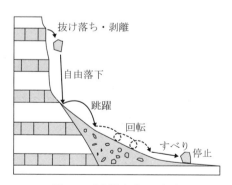

図 1.1　典型的な落石の概念

　落石と類似しているが，より大規模な岩盤の崩落現象である，岩盤崩壊とよばれるものがある．落石と岩盤崩壊では，メカニズムや規模，形態とその対応が大きく異なることから，本書では**表 1.1**[1]に準じて区分した．岩盤崩壊は，通常規模の落石に比べてその発生頻度が小さいため，本書で解説できるほどの知識，経験が蓄積されておらず，落

表 1.1 落石と岩盤崩壊の相違点 [1]

落 石	岩盤崩壊
① 発生源は岩盤斜面に限定されない.	① 発生源は岩盤斜面に限定される.
② 岩塊の規模は 100〜200 kN 程度が上限となる. 近年の落石実験では, 100〜200 kN の重錘が用いられている. ただし, 過去には 400 kN の岩塊が長大な斜面を落下する現象も報告されているので, 注意が必要である.	② 岩塊の規模は, 少なくとも 1000 kN, 一般的には岩塊の体積として 100 m³ 以上を目安とする.
③ 落下運動に斜面が大きく寄与し, 斜面条件によって運動形態が制約されることが多い. 個々の岩塊は運動体としてエネルギー量を把握することが可能である. また, 落下する岩塊を個数で表現することが可能である.	③ 岩塊は自由落下やトップリングなどのように斜面を介しない形態が多い. 個々の岩塊の運動エネルギーを把握することが困難である. 岩塊が大規模であることや, 落下によって分解することなどより, 個数で表現できないことが多い.

石対策便覧も平成 29 年版では記述が削除された. したがって, 本書では対象外とする.

1.1.2 落石の素因と誘因

落石の素因は, 発生源となる斜面がもつ固有の性質, すなわち地形と地質である. 発生源から生じる素因に着目すれば, 転石型落石と浮石型落石に分けられる（図 1.2）. 転石型落石は, 崖錐・段丘礫層・火山砕屑岩・風化花崗岩類の岩塊・玉石・礫などが, マトリックス（岩塊・玉石・礫などのまわりを充填する, 相対的に粒が小さい土砂部分）の風化・浸食に対する抵抗力が弱いために落下する現象である. 対して, 浮石型落石は, 露出する岩盤の不連続面が発達し, かつ不連続面の開口がみられ, 不連続面に囲まれた岩塊や岩片が剥離し, 落下する現象である. 一般的な傾向として, 転石型落石は比較的緩勾配の土砂斜面で多くみられ, 浮石型落石は急勾配またはオーバーハング状の岩盤斜面で発生する.

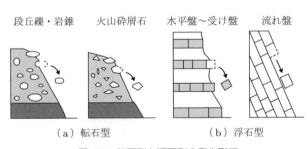

図 1.2 転石型と浮石型の発生形態

また, 落石は, 落下する斜面によって運動が支配されるため, 斜面の勾配や地形, 地質と植生に代表される地表面付近の状態も素因として挙げられる. 落石が保全対象物まで到達しなければ災害とはならないため, 斜面特性の評価は重要である.

落石の誘因としては, 降雨や積雪による流水の作用や, 岩盤の割れ目における水圧作用, 凍結融解, 風雨, 地震, 植生の成長, 人間や動物の移動や人為的な地盤掘削などが挙げられる. 落石の誘因は複雑であるため, いくつかの因子が複合する場合は, 誘因を

明確にできないことが多い．

1.2 落下速度と運動エネルギーの推定および跳躍量の予測における課題

　　落石対策工の計画・設計を行う場合は，落石の設計条件として落石の落下速度（衝突時の運動エネルギー）と跳躍量（衝突位置や高さ）の設定が重要である．平成29年版落石対策便覧[2]（以下では便覧と称する）では，これらの条件設定の事項に関する改訂はない．これまで指摘されている問題点を本節で概説する．本書では，これらを解決するために，第Ⅰ部（第2〜4章）において新たな知見を記述し，実務で活用や応用されることを期待する．また，第Ⅱ部（第5〜8章）と巻末の資料では，便覧改訂に伴う対策工の評価や設計法を中心に解説している．第Ⅰ部と第Ⅱ部がそろうことで，落石条件の推定・予測側と対策工の性能評価側の双方の精度向上につながると考える．

1.2.1 落下速度と運動エネルギー

　　便覧では，落下速度については，
　　　「斜面が長大となって落下高さが40mを超えると，落下速度は一定値（終端速度）に達する傾向のあることがわかっている．しかし，終端速度に及ぼす斜面や落石の特性の影響についてはよくわかっていない．」
と記載されている．

　　しかし，対象斜面が40m以上の場合でも，高さを40mとして算出するような判断もされている．岐阜大学工学部社会基盤工学科の地圏マネジメント工学講座（八嶋・沢田研究室）による「落石防護対策の落石調査・設計方法および工法選定に関する実態調査」[3]（表1.2）におけるアンケート回答の報告では，長大な斜面であっても終端速度から落下高さを40mと定めるケースが半数以上と記載されている．これは，運動エネルギーが過小に評価され，対策が不十分になる可能性がある．また，便覧に示されているように等価摩擦係数を0.05〜0.35の範囲で使用した場合，運動エネルギーが過大に評価され，対策が過剰になりコスト高となるなどの問題が指摘されている．

表1.2 「落石防護対策の落石調査・設計方法および工法選定に関する実態調査」のアンケート回答結果 [3]

落下高さについて	跳躍量について
・落石対策便覧の，落下速度が40mの高さを超えると終端速度に達する傾向があるとの内容から，落下高さを40mと定めるケースが半数以上である． ・等価摩擦係数では，もう少し細かく区分したほうがよい27%，妥当である20%，樹木の評価が過小11%となっている．	・2mとしているものが半数以上である． ・30%程度はシミュレーションで算出している． ・その他の意見として，2mに限定できる明確な根拠が示せない限り5mに設定している．

1.2.2　跳躍量

便覧では，跳躍量については，

「落石の跳躍量は，① 落下高さが大きくなると跳躍量が大きくなる．② 凹凸の少ない斜面では跳躍量が 2 m を超えることは少ないが，斜面上の局部的な突起のある場所や，凹凸の多い斜面では，跳躍量は 2 m 以上になることがあり，落下高さの大きい場合には 4～5 m に達することもある．」

と記載されている．また，跳躍量が 2 m 以下の場合は，総落石数の 80～85％ と記載されている．そのため，実際の計画・設計では，跳躍量 2 m としているケースが多いようであり，この場合には過小評価の可能性がある．前述した「落石防護対策の落石調査・設計方法および工法選定に関する実態調査」において，表 1.2 に示すように，アンケート回答は，便覧の記載より跳躍量を一律に 2 m としているケースが半数以上であり，跳躍量 2 m 以上のケースに対応できていない可能性があるため，落石条件や斜面特性が計画・設計に正確に反映できないことが問題となっている．

1.3　落石対策便覧の主な改訂内容

平成 29 年版便覧の主な改訂内容は，以下のとおりである．

① 性能設計の枠組みの導入

「道路土工構造物技術基準」の策定に伴い，道路土工構造物の設計について性能設計の枠組みが導入されている．落石対策については，技術基準における斜面安定施設の一部としての位置付けとなり，技術基準における記載を踏まえ，便覧にも落石予防工・防護工の要求性能，性能照査の考え方について記載された．

② 従来型構造物の慣用設計法の適用範囲の明確化

平成 12 年版便覧で紹介されていたポケット式落石防護網や落石防護柵などの慣用設計法について，その適応範囲（適応可能な構造・仕様，対象とする落石運動エネルギーの範囲など）を明確にするとともに，それらが満足するとみなせる性能が示された．

③ 落石防護工の性能照査としての実験的検証法の記述

近年開発が進められている，さまざまな形式の落石防護工の導入に対応するために，落石防護工の性能の検証法として，統一的な実験検証法が示された．

④ 新しい知見などを踏まえた設計法の導入

たとえば，ロックシェッドの設計法では，許容応力度設計法から塑性変形を考慮した弾塑性設計法に移行された．

⑤ 維持管理の記述の充実

「道路土工構造物点検要領」，「シェッド，大型カルバート等定期点検要領」の反映や，その他の施設の維持管理における留意点が記載された．

1.4 本書の構成

本書の構成を以下に示す．

第 I 部 落石運動の予測
    第 2 章 落石運動エネルギーの推定
    第 3 章 平坦斜面の落石跳躍量の予測
    第 4 章 凹凸斜面の落石跳躍量の予測

第 II 部 落石対策工の評価と設計法
    第 5 章 落石予防工における評価と設計法
    第 6 章 落石防護工における評価と設計法
    第 7 章 落石防護工の性能評価における動的応答解析の活用と展望
    第 8 章 落石対策における今後の課題

第 2〜4 章では，落石対策の計画・設計を行う場合に必要となる落石条件として，落石の落下速度（衝突時の運動エネルギー）や跳躍量（衝突位置や高さ）の推定や予測の一助となるように最新の知見を示した．第 2 章では，落下高さ 40 m 以上の長大斜面に着目して運動エネルギーの算出について記述した．跳躍量については，斜面の地形について配慮が必要であることから，第 3 章では比較的平坦な斜面の場合，第 4 章では比較的凹凸の大きな斜面と，分けて記述した．

第 5・6 章では，落石対策工のさまざまな工種について，平成 29 年版便覧の改訂点を勘案しつつ，信頼性の高い工法を中心に評価や設計法を記述した．また，改訂に伴う実規模実験などの実施例を示した．

第 7 章では，落石防護工への動的応答解析の活用と展望について述べた．

第 8 章では，今後の落石対策の課題について述べた．

巻末資料では，平成 29 年版便覧の改訂点を平成 12 年版便覧と対比することで詳細に記述した．

参考文献

[1] 勘田益男：落石対策工設計マニュアル，理工図書，2002．
[2] 日本道路協会：落石対策便覧，2017．
[3] 岐阜大学工学部社会基盤工学科地圏マネジメント工学講座（八嶋・沢田研究室）：落石防護対策の落石調査・設計方法および工法選定に関する実態調査について，2006．

第Ⅰ部

落石運動の予測

# 第2章

落石運動エネルギーの推定

2.1 落石運動エネルギーの推定における課題

　落石運動エネルギーの推定は，落石防護工の性能について，落石の衝突を十分に防止できるかどうかの判断に用いられるため，落石防護工を計画する場合に重要である．

　しかし，落石運動エネルギーの推定に関して，これまで研究成果がほとんど報告されておらず，不明確な部分が残されている．現時点では，落石運動エネルギーの推定には，落石対策便覧（以下では便覧と称する）[1] による方法と，落石運動シミュレーション解析（以下では落石シミュレーションと称する）を行って推定する方法の2種類がある．しかし，落下高さが40mを超える場合，便覧による方法と落石シミュレーションによる方法には，その結果に大きな差がある．落下高さが40mを超える場合，現実には落石シミュレーションを行うケースは多くはなく，また，すべての現場でかつすべての落石を対象として落石シミュレーションを行うことは，事実上困難である．

　本章では，実際の多数の落石シミュレーション結果と実測値を比較することにより，平均斜面勾配や落下高さから等価摩擦係数を推定し，この等価摩擦係数を用いて，便覧による方法を適用する方法[2] を解説する．これは，便覧と落石シミュレーションの差を埋める方法であり，落石シミュレーションを行えない場合でも落石運動エネルギーを精度よく推定できる方法であるため，落石対策技術における有用性は高いと考えられる．また，本章では，落石シミュレーションの信頼性が高いことの検証も行っている．以下に，方針についてさらに詳細に述べる．

　長大な斜面において落石運動エネルギーを推定する場合，便覧では，落石は落下高さ40mで終端速度に達するとされているため，落石条件や斜面特性に関わらず40mと定めているケースが多い．この場合，落石運動エネルギーを過小に評価する可能性がある．また，便覧に示されている等価摩擦係数を用いて，便覧の推定式によって運動エネルギーを算出する場合，等価摩擦係数が過小評価されているため，落石運動エネルギーが過大に評価される可能性がある．以上より，計画・設計を行ううえで，精度よく落石運動エネルギーを推定する方法が求められている．

　落石対策における落石運動エネルギーの推定には，便覧の推定式が実務で広く用いら

れている．推定式は次式で与えられる．

$$E = (1+\beta)\left(1 - \frac{\mu}{\tan\theta}\right)W \cdot H \tag{2.1}$$

ここで，E：落石の運動エネルギー，β：回転エネルギー係数 (0.1)，μ：等価摩擦係数（表 2.1 参照），θ：斜面勾配，W：落石重量 [kN]，H：落石の落下高さ [m] である．着目する等価摩擦係数は，本来，地すべりや斜面崩壊を支配する摩擦則を用いた運動モデルに用いられている，ハイムの「そりモデル」における「摩擦係数に等価な係数」のことである．「そりモデル」における土塊の運動中の摩擦係数は，「平均摩擦係数」ともよばれる．また，「そりモデル」は雪崩の解析にも用いられる．

表 2.1　斜面の種類と等価摩擦係数 μ の値 [1]

区分	落石および斜面の特性	設計に用いる μ	実験から得られる μ の範囲
A	硬岩，丸状；凹凸小，立木なし	0.05	0 ～0.1
B	軟岩，角状～丸状；凹凸中～大，立木なし	0.15	0.11～0.2
C	土砂・崖錐，丸状～角状；凹凸小～中，立木なし	0.25	0.21～0.3
D	崖錐・巨礫混じり崖錐，角状；凹凸中～大，立木なし～あり	0.35	0.31～

推定式は，図 2.1 に示す既往の落石実験データに基づいているため，落下高さや落石重量が既往の落石実験を大きく上回る場合には，精度に問題がある．便覧では，

「斜面が長大となって落下高さが 40 m を超えると落下速度は一定値（終端速度）に達する傾向があることがわかっている．しかし，終端速度に及ぼす斜面や落石の特性の影響についてはよくわかっていない．」

と記載されている．

表 2.2 は，落下高さが 40 m 以上の長大斜面を対象として，「岩盤崩壊の考え方—現状と将来展望—」[3] の，落石シミュレーションと推定式による運動エネルギーを比較した例を示したものである．40 m 以上の長大斜面を対象として推定式を適用する場合，実際の落下高さを代入すると，運動エネルギーが落石シミュレーションより大きく評価されることがわかる．一方で，落下高さとして上限の 40 m を代入すると，運動エネルギーが小さく評価される．この原因は，推定式では，落下高さにかかわらず一定の等価摩擦係数を用いることによると考えられる．したがって，長大斜面では，落石シミュレーションを行うことが適切であるが，費用や時間の制約から実施できない場合も多い．

本章では，40～200 m の長大な崖錐斜面を対象として，著者が過去に実施した落石シミュレーションによる落石運動エネルギーから，推定式における等価摩擦係数 μ を逆算して，その傾向を把握する．この結果を用いて，等価摩擦係数を実際に近い値に設定することにより，40 m 以上の落下高さを有する長大斜面に対して，推定式を適切に活用する方法を記述する [2]．

---

1) 日本道路協会：落石対策便覧，2017．

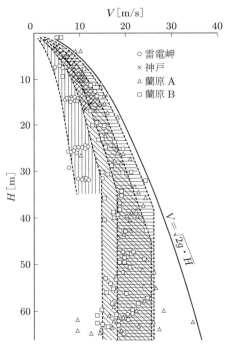

図 2.1 落下高さと落石速度の関係 [2]

表 2.2 一般国道 8 号親不知地区のシミュレーション結果と推定式との比較 [3]

地　点		落石重量 [kN]	落下高さ [m]	平均斜面勾配 θ [°]	シミュレーション結果		推定式	
					運動エネルギー [kJ]	等価摩擦係数 μ（逆算値）	運動エネルギー [kJ]	等価摩擦係数 μ
勝山 8 号	A 沢	10	153	47	640	0.62	1031	0.35
	B 沢	10	168	46	440	0.76	1112	0.35
	C 沢	10	159	49	540	0.76	1106	0.35
勝山 9 号		10	223	42	680	0.63	1363	0.35
勝山 10 号		10	223	42	1180	0.42	1363	0.35
勝山 11 号		10	226	43	430	0.75	1412	0.35
向山 2 号*		10	63	53	400	0.48	—	—
		50	63	53	2010	0.48	—	—
浄土 1 号**		17	30	41	400	0.19	420	0.15
浄土 4 号		120	89	40	5260	0.43	6379	0.35
三段滝 6 号	A 沢	5	148	42	320	0.51	452	0.35
	B 沢	5	197	40	260	0.62	574	0.35
三段滝 7 号		5	83	43	190	0.51	259	0.35
三段滝 10 号		10	169	44	730	0.55	1077	0.35
		30	75	47	860	0.66	1516	0.35
三段滝 14 号		10	120	45	160	0.87	780	0.35

＊上部は岩盤急崖，下部は崖錐の緩斜面，＊＊岩盤露出部分が多く地形的凹凸も多い

---

2) 日本道路協会：落石対策便覧，2017．
3) 土木学会：岩盤崩壊の考え方——現状と将来展望——［実務者の手引き］，土木学会，CD 版，2004．

2.2 落石シミュレーションの概要

2.2.1 落石シミュレーションの手法

　本章では落石シミュレーションによる結果の詳細な分析を行うため，まず落石シミュレーション手法について説明する．落石シミュレーション手法はおおむね確立されており，確率論的質点系解析法[4]と，個別要素法などを用いる確定論的手法がある．前者は，過去の落石実験データより得られた，斜面の凹凸や地盤状態および落石の不規則な形状などの影響を表す係数を用いて，確率論的に運動形態を再現する．後者は，斜面と落石の形状や特性を与え，不連続変形法や個別要素法を適用する方法であり，形状が大きく影響する岩盤崩壊に用いられるケースが多い．本書では，実績が多くて信頼性の高い，確率論的質点系解析法を用いる．

　確率論的質点系解析法による落石シミュレーションでは，以下のことが可能である．

a) 図2.2に示すように，防護する衝突面 A や B における運動エネルギー（衝突速度）や衝突する位置（高さ）を求めることができる．

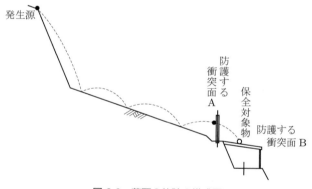

図2.2　落石の軌跡の模式図

b) 落石重量が大きい場合，図2.3に示すように，斜面中に緩衝施設を設けて落石運動エネルギーを減ずる方法も用いられる．この場合，衝突する落石運動エネルギーから緩衝施設の吸収エネルギー分を減じることで，落石運動の継続あるいは停止の判断も可能である．

c) 経路の横断面上の任意の位置で，任意の傾斜，任意の落石運動エネルギー減衰を考慮できる．落石運動エネルギー減衰を考慮する，断面上の範囲を指定できる．

d) 経路の横断面上の任意の位置で，その面を通過する落石の位置，水平となす角度，落石の速度，運動形態などを出力できる．

e) シミュレーションの試行回数を指定し，その軌跡を作画し，これを用いて落石対策工の設置位置の検討ができる．落石の停止位置を出力し，落石の到達範囲を確率的に検討できる．

12 ◆ 第2章 落石運動エネルギーの推定

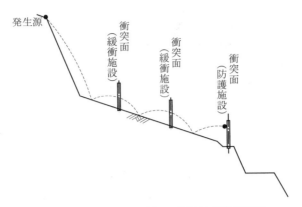

図2.3　緩衝施設のある斜面を落下する落石の運動

2.2.2 落石の運動形態とシミュレーションに必要なパラメータ

落石の運動形態は，図2.4に示すように，線運動（すべり運動＋回転運動）と，跳躍運動とこれに伴う衝突運動に分けられる．表2.3に，運動形態ごとの要因と，その要因を表現するためのパラメータを求める方法を示す．運動形態ごとの基礎運動方程式は，以下のとおりである．

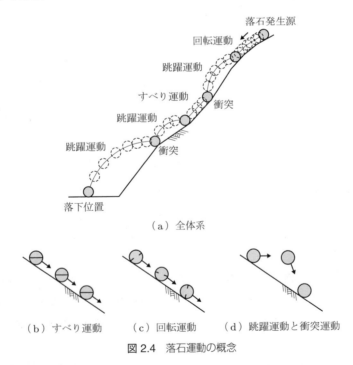

図2.4　落石運動の概念

(1) すべり運動

図2.5(a)に示すように，斜面勾配を θ，すべり摩擦係数を μ' とする．初速度を V_0 として，斜面に沿った t 秒後のすべり速度 V，および t 秒間に斜面に沿ってすべる距離 S は，次式で与えられる．

表 2.3 落石の運動形態の分類と，シミュレーションに必要なパラメータ [4]

運動形態	要因	パラメータ	パラメータの算出法
すべり運動	斜面の状況（斜面の凹凸，地盤へのめりこみ，植生）	すべり摩擦係数 μ'	実験データ（乱数）
		粘性抵抗係数 C_k	実験実測値に基づくシミュレーションによる逆算
回転運動	落石の形状	回転半径 k	理論式
	斜面の状況（斜面の凹凸，地盤へのめりこみ，植生）	粘性抵抗係数 C_k	実験実測値に基づくシミュレーションによる逆算
跳躍運動	空気抵抗	空気抵抗係数 α_k	理論式
衝突運動	落下の速度	法線反発係数 e 接線反発係数 ρ	実験データ（乱数）
すべり運動から回転運動への移行	落下の加速度	落下の加速度 a	理論式
回転運動から跳躍運動への移行	落石の形状 斜面の状況（斜面の凹凸，地盤へのめりこみ，植生）	限界速度 V_{0r}	実験データ（乱数）

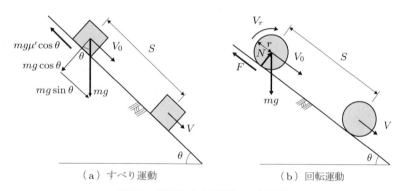

（a）すべり運動 （b）回転運動

図 2.5 落石のすべり運動・回転運動

$$V = V_0 + gt(\sin\theta - \mu'\cos\theta) \tag{2.2}$$

$$S = V_0 t + \frac{1}{2}gt^2(\sin\theta - \mu'\cos\theta) \tag{2.3}$$

ここで，g：重力の加速度である．

斜面上を落石がすべり落ちる場合，落石はすべり摩擦以外にも，植生や樹木，斜面上の微小な凹凸などからの抵抗を受ける．それらすべての抵抗は，運動速度に比例すると仮定する．この粘性抵抗係数を C_k とすれば，式 (2.2) および式 (2.3) は次式となる．

$$V = \frac{a}{C_k} + \left(V_0 - \frac{a}{C_k}\right)e^{-C_k t} \tag{2.4}$$

$$S = \frac{a}{C_k}t + \frac{1}{C_k}\left(V_0 - \frac{a}{C_k}\right)(1 - e^{-C_k t}) \tag{2.5}$$

上式中の a は斜面方向の加速度であり，次式で表される．

$$a = g(\sin\theta - \mu'\cos\theta) \tag{2.6}$$

また，静止していた岩塊がすべり始める条件は，次式で表される．

$$\tan\theta > \mu_0 \tag{2.7}$$

ここで，μ_0：摩擦係数である．μ_0 は，本来はすべり摩擦係数 μ' とは異なる値をもつ．しかし，落石に対して μ_0 の値を求めることは困難であるため，実際には μ' の値を用いることが多い．これらの差は解析上ほとんど影響がないため，実用上の問題はない．

(2) 回転運動

図 2.5(b) に示すように，質量 m，半径 r の一様な球状の落石が，すべることなく回転しながら斜面を落下する場合の，斜面に沿った t 秒後の移動速度 V，および t 秒間に斜面に沿って進む距離 S は，次式で与えられる．ただし，図中の F は落石と斜面の摩擦力，N は落石の斜面反力である．

$$V = V_0 + \frac{r^2}{k^2 + r^2} gt\sin\theta \tag{2.8}$$

$$S = V_0 t + \frac{r^2}{2(k^2 + r^2)} gt^2 \sin\theta \tag{2.9}$$

ここで，V_0：初速度，k：球の回転半径（慣性モーメント I と質量 m の比の平方根 $\sqrt{I/m}$）である．前述の (1) すべり運動の場合と同様に，粘性抵抗係数を考慮すると，速度および距離は式 (2.4)，(2.5) と同じ式で与えられる．ただし，式中の加速度 a は次式で与えられる．

$$a = \frac{r^2}{k^2 + r^2} g\sin\theta \tag{2.10}$$

すべらずに，回転しながら落下する条件は，次式で与えられる．

$$\frac{r^2}{k^2 + r^2} \tan\theta \leqq \mu_0 \tag{2.11}$$

(3) 跳躍運動

図 2.6 に示すように，斜面上のある点 (x_0, y_0) から，水平となす角 β，初速度 V_0 で飛び出す物体の落下点の座標 (x_d, y_d) は，次式で与えられる．

$$\begin{aligned} x_d &= x_0 + \frac{2V_0^2 \cos^2\beta}{g}(\tan\theta - \tan\beta) \\ y_d &= y_0 + (x_d - x_0)\tan\theta \end{aligned} \tag{2.12}$$

また，空気抵抗係数 α_k を考慮した場合の，t 秒後の x 方向，y 方向の速度 (V_x, V_y) および位置座標 (x, y) は，次式で与えられる．

$$\begin{aligned} V_x &= V_0 \cos\beta\, e^{-\alpha_k t} \\ V_y &= \frac{g}{\alpha_k} + \left(V_0 \sin\beta - \frac{g}{\alpha_k}\right) e^{-\alpha_k t} \end{aligned} \tag{2.13}$$

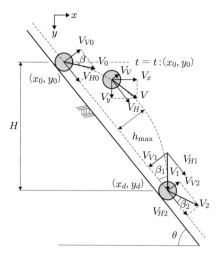

図 2.6 落石の跳躍運動と衝突運動

$$x = x_0 + V_0 \cos\beta \frac{1-e^{-\alpha_k t}}{\alpha_k}$$
$$y = y_0 + \frac{gt}{\alpha_k} + \left(V_0 \sin\beta - \frac{g}{\alpha_k}\right)\frac{1-e^{-\alpha_k t}}{\alpha_k} \quad (2.14)$$

跳躍開始から t 秒後の斜面垂直方向の速度 V_V は，次式で与えられる．

$$V_V = V_{V0} - gt\cos\theta \quad (2.15)$$

最大跳躍量は，$V_V = 0$ とおくことにより求められる．ここで，V_{V0} は V_0 の斜面直角方向の成分である．

回転運動から跳躍運動に移行する条件は，次式で与えられる．

$$V > V_{0r} \quad (2.16)$$

限界速度 V_{0r} は，実験データから決定される．

(4) 衝突運動

図 2.6 に示すように，斜面への衝突前の入射角度を β_1，入射速度を V_1，衝突後の反射角度を β_2，反射速度を V_2 とすると，衝突後の，斜面に対して鉛直方向および斜面方向の速度成分 V_{V2}，および V_{H2} は次式で与えられる．

$$V_{V2} = eV_1 \sin\beta_1, \qquad V_{H2} = \rho V_1 \cos\beta_1 \quad (2.17)$$

ここで，e：速度の斜面直角方向の法線反発係数，ρ：速度の斜面方向成分の接線反発係数である．落石が衝突する前後の運動エネルギーの比は，法線反発係数および接線反発係数を用いて次式で与えられる．

$$\gamma = \rho^2 \cos^2\beta_1 + e^2 \sin^2\beta_1 \quad (2.18)$$

以上，表 2.3 に示したパラメータのなかで，理論的に求められるものは基礎運動方程

表 2.4 既往の落石実験から求めたパラメータ[4]

名 称	確率密度関数 平均値	確率密度関数 標準偏差	落石重量条件 [kN]	斜面条件	データの出典
すべり摩擦係数	0.69	0.18	$W < 10$	岩 盤	蘭原 A 斜面（日本道路公団）の実験
	0.48	0.06	$W < 10$	崖 錐	蘭原 B 斜面（日本道路公団）の実験
	0.69	0.18	$W \geq 10$	岩 盤	立山有料道路（富山県）の実験
	0.59	0.09	$W \geq 10$	崖 錐	立山有料道路（富山県）の実験
粘性抵抗係数	0〜1.2		なし	植生や細部の凹凸	蘭原 A・B 斜面，岩殿（日本道路公団），甲田（金沢大学）の実験
法線反発係数	0.54	0.28	$W < 10$	岩 盤	蘭原 A 斜面（日本道路公団）の実験
	0.58	0.26	$W < 10$	崖 錐	蘭原 B 斜面（日本道路公団）の実験
	0.275	0.28	$W \geq 10$	岩 盤	立山有料道路（富山県）の実験
	0.275	0.22	$W \geq 10$	崖 錐	甲田（金沢大学）の実験
接線反発係数	0.58	0.25	$W < 10$	岩 盤	蘭原 A 斜面（日本道路公団）の実験
	0.77	0.17	$W < 10$	崖 錐	蘭原 B 斜面（日本道路公団）の実験
	0.78	0.25	$W \geq 10$	岩 盤	立山有料道路（富山県）の実験
	0.78	0.18	$W \geq 10$	崖 錐	立山有料道路（富山県）の実験
限界速度	4.69	2.02	なし	岩 盤	蘭原 A 斜面（日本道路公団）の実験
	8.5	2.5	なし	崖 錐	蘭原 B 斜面（日本道路公団）の実験

式に関連して述べた．理論的に求められないパラメータは，既往の落石実験に基づいて求める．これらのパラメータを求めた結果を，表 2.4 にまとめて示す．

2.2.3 その他の必要なデータ

落石シミュレーションは，上述のパラメータのほかに，次のデータを必要とする．
① 落石径，落石重量と落石の位置
② 落下が予想される経路の横断面図
③ 斜面の岩質・土質，植生

落石径は，回転運動の場合に必要となる．落石重量は，求められた速度から運動エネルギーを求めるために必要であり，その位置は落下するスタート位置として重要である．また，落石重量によって値が異なるパラメータ（反発係数）もある．落下経路の横断面図は，斜面勾配やその変化によって落石がたどる軌跡を再現するうえで必要となる．また，斜面の岩質・土質や植生によって，摩擦係数，粘性抵抗係数，反発係数，限界速度の数値が決定される．

2.2.4 落石シミュレーションの手順

落石の運動形態がさまざまな条件で変化することを考慮して，落石シミュレーションを，図 2.7 に示すフローチャートに従って行う．運動形態の変化の基本的な考え方は以下のとおりである．

[4) 勘田益男，荒井克彦：落石跳躍量予測方法の提案，日本地すべり学会誌第 49 巻，第 3 号，pp. 35–46，2012.

2.2 落石シミュレーションの概要 ◆ 17

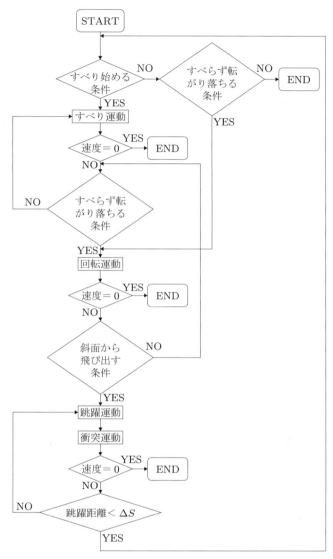

図 2.7　落石シミュレーションの手順 [4]

　落石がある斜面上をすべり運動している場合は，すべり運動を続けるか，回転運動に移行するかを，式 (2.11) で判定する．落石が回転運動している場合，そのまま回転運動を続けるか，すべり運動に移行するかを，式 (2.11) で判定する．回転運動から跳躍運動への移行は式 (2.16) で判定する．すべての運動形態に対し，速度が 0 になった場合，落下は停止したとみなして，計算を終了する．法線反発係数 e を $0 < e < 1$ の範囲で取り扱っているため，落石が跳躍運動を一度始めると，ほかの運動形態に移行しなくなる．そこで，斜面衝突後の斜面方向の跳躍距離が落石径の 10 分の 1（図 2.7 中の ΔS）以下となった場合には，回転運動かすべり運動に移行させる．

　落石シミュレーションにおける主なパラメータは，確率密度関数として信頼区間 95% をもつ正規乱数を用いている．参考文献 [5] の検討結果に従い，落石シミュレーションの

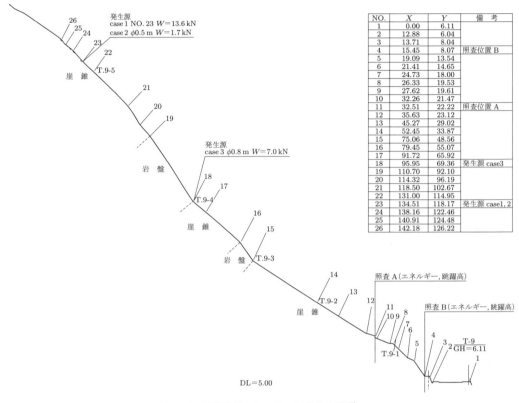

図 2.8 落石シミュレーションの入力例[5]

試行回数は 300 回，採用値は平均値 ＋ 2 × 標準偏差の値をとる．落石シミュレーションの入力データ例を図 2.8 に示す．

2.3 落石シミュレーションからの等価摩擦係数の推定

2.3.1 落石シミュレーションの信頼性

富山県の立山有料道路における長大斜面で実施された大規模な落石実験結果と，落石シミュレーション結果の比較を図 2.9 に示す[6]．発破で落下させた多数の落石（総数 219 個，最大 400 kN）の実際の停止位置が，図 2.9 に示すように，落石シミュレーションで求めた停止位置と極めて近い結果となっている．これは，落石の運動を精度よく表現したことの一つの証明となる．このほか，落石が頻発するさまざまな斜面で落石シミュレーションを行い，実際の落石停止位置と落石シミュレーションによる停止位置が近い結果になることを確認している．

図 2.10 において，落石の発生源と停止位置が明確で，落石が頻発する斜面において落石シミュレーションを行った結果を示す[4]．実際の落石停止位置と落石シミュレーショ

---

5) 勘田益男，荒井克彦：長大斜面における落石運動エネルギー推定に必要な等価摩擦係数の提案，日本地すべり学会誌第 46 巻，第 1 号，pp. 48–53，2009．

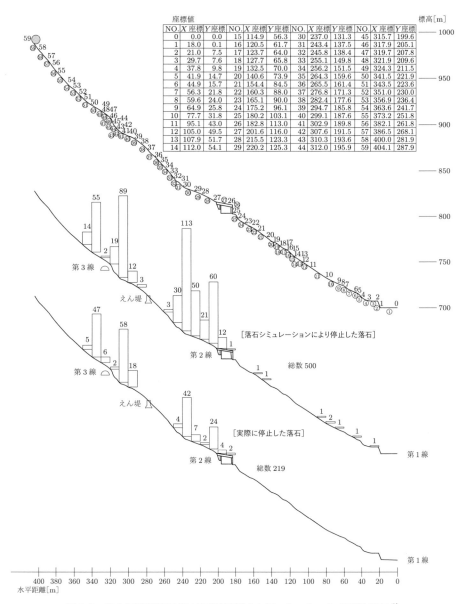

図 2.9 立山有料道路における落石実験とシミュレーションの度数分布[6]

ンによる停止位置は近い結果になった．また，道路に設置されているスノーシェッド上には，これまで落石は到達していないことがわかっていたが，落石シミュレーションでもスノーシェッド直前ですべて停止したことから，再現性は高いと考えられる．図 2.11 に示す，別のケースおいても，図 2.10 と同様に，実際の落石停止位置と落石シミュレーションの停止位置は近い結果になった．また，落石は実際には斜面下端の建物に到達していないが，直前で落石が停止することを落石シミュレーションで再現できた[4]．

---

6) 土肥行雄，清水晴彦，佐伯滋，吉田博，四藤勝彦：立山有料道路における巨岩処理と落石エネルギー評価，土木学会第 2 回落石等による衝撃問題に関するシンポジウム講演論文集，pp. 140–145, 1993．

20 ◆ 第2章 落石運動エネルギーの推定

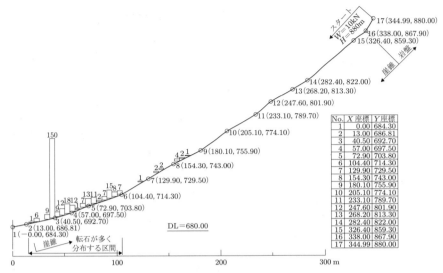

図 2.10 新潟県内における落石シミュレーションによる落石停止位置の検証 [4]

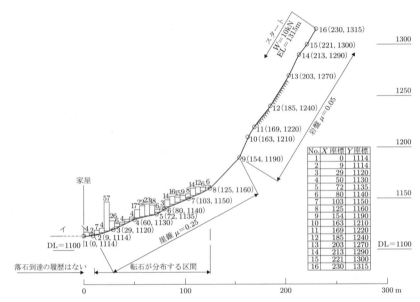

図 2.11 富山県内における落石シミュレーションによる落石停止位置の検証 [4]

以上のように，落石シミュレーションは極めて多数の長大斜面の落石対策に適用され，結果を再現していることからも，信頼性が高いと考えられている．したがって，落石シミュレーションによる長大斜面での落石運動エネルギーの推定も信頼性があると考えられ，その結果に基づく等価摩擦係数の逆算も，実際的な意味があるといえる．

2.3.2 落石シミュレーションからの等価摩擦係数の逆算

著者が過去に行った，多数の現場での落石シミュレーションから求められる運動エネルギーから，式 (2.1) を用いて，推定式における等価摩擦係数 μ を逆算した結果を**表 2.5**

表2.5 過去に行った落石シミュレーション結果

地　点	落石重量 [kN]	落下高さ [m]	平均斜面勾配 θ[°]	運動エネルギー [kJ]	換算等価摩擦係数	到達率 [%]	崖錐の占める割合
石川 A	2.0	54.2	33.6	4.0	0.64	163/300	80%
石川 B	2.0	40.2	31.4	2.6	0.59	182/300	100%
石川 C	2.0	95.6	35.9	7.4	0.70	84/300	70%
石川 D	2.0	67.6	33.1	6.2	0.62	109/300	100%
石川 E	2.0	42.4	39.3	35.4	0.51	290/300	100%
石川 F	158.2	169.0	35.6	3696.8	0.63	275/300	100%
石川 G	21.0	49.5	36.7	217.1	0.60	199/300	100%
石川 H	13.6	80.4	49.8	539.0	0.65	300/300	30%
石川 I	13.6	80.4	49.8	464.0	0.73	238/300	10%
石川 J	56.2	63.2	33.6	1100.2	0.48	289/300	80%
石川 K	17.5	58.3	46.1	598.6	0.48	300/300	40%
福井 A	66.3	159.0	39.7	1419.3	0.73	300/300	100%
福井 B	37.0	159.0	39.7	592.1	0.75	300/300	100%
福井 C	13.6	96.0	43.2	105.9	0.87	292/300	80%
福井 D	13.6	110.1	42.8	213.4	0.81	180/300	80%
福井 E	1.7	96.0	43.2	31.3	0.78	218/300	80%
福井 F	1.7	110.1	42.8	37.3	0.76	145/300	80%
福井 G	7.0	61.3	37.3	74.2	0.64	240/300	90%
福井 H	7.0	47.1	36.6	28.1	0.69	101/300	90%
富山 A	20.0	140.3	41.5	356.6	0.78	300/300	100%
富山 B	10.0	119.2	46.2	371.5	0.75	300/300	60%
富山 C	10.0	133.4	44.2	594.4	0.58	300/300	100%
富山 D	10.0	159.2	43.8	662.3	0.60	300/300	100%
富山 E	10.0	130.5	46.9	832.3	0.45	293/300	100%
富山 F	15.0	130.5	46.9	1270.4	0.44	297/300	100%
富山 G	20.0	130.5	46.9	1741.0	0.42	298/300	100%
富山 H	30.0	130.5	46.9	2359.5	0.48	291/300	100%
富山 I	10.0	110.6	42.3	308.8	0.68	244/300	100%
富山 J	15.0	110.6	42.3	465.8	0.68	230/300	100%
富山 K	20.0	110.6	42.3	736.3	0.63	240/300	100%
富山 L	30.0	110.6	42.3	1307.4	0.58	112/300	100%
富山 M	10.0	42.1	43.0	187.1	0.56	299/300	100%
富山 N	30.0	42.1	43.0	604.3	0.53	300/300	100%
富山 O	509.6	47.0	31.8	2776.0	0.55	14/300	100%
新潟 A	468.0	193.3	36.1	13004.1	0.63	275/300	100%
新潟 B	109.0	41.4	43.0	2128.4	0.53	300/300	90%
新潟 C	5.0	84.8	40.5	197.3	0.49	281/300	90%
新潟 D	10.0	84.8	40.5	235.3	0.64	299/300	90%
新潟 E	5.0	108.0	37.9	105.5	0.64	198/300	90%
新潟 F	10.0	108.0	37.9	99.4	0.71	180/300	90%
新潟 G	5.0	43.5	35.5	60.8	0.53	300/300	90%

表2.5（続き）　過去に行った落石シミュレーション結果

地点	落石重量 [kN]	落下高さ [m]	平均斜面 勾配 θ[°]	運動エネルギー [kJ]	換算等価 摩擦係数	到達率 [%]	崖錐の 占める割合
新潟 H	10.0	43.5	35.5	114.5	0.54	295/300	90%
新潟 I	5.0	222.4	35.4	146.4	0.63	300/300	100%
新潟 J	10.0	222.4	35.4	118.8	0.68	293/300	100%
新潟 K	5.0	97.6	32.1	84.0	0.53	40/300	100%
新潟 L	10.0	97.6	32.1	112.4	0.56	15/300	100%
新潟 M	55.0	135.3	39.6	258.0	0.80	236/300	100%
新潟 N	1.7	42.1	46.9	24.8	0.73	300/300	100%
三重 A	5.1	45.5	44.2	87.0	0.64	283/300	80%
三重 B	5.1	53.5	44.7	113.8	0.61	283/300	80%
三重 C	5.1	58.6	45.0	159.1	0.52	283/300	80%
三重 D	17.85	44.2	44.2	315.4	0.62	292/300	80%
三重 E	17.85	52.2	44.7	447.3	0.56	292/300	80%
三重 F	11.0	42.8	40.6	150.6	0.61	300/300	70%
三重 G	41.0	49.2	42.3	1019.7	0.49	300/300	80%
三重 H	41.0	57.6	41.3	858.9	0.59	300/300	80%

に示す．対象とした現場は，以下の条件で選択した．

1) 落下高さは 40 m 以上
2) 大部分が崖錐（土砂）からなる斜面
3) 落石重量には制限を設けない
4) 試行回数 300 回，採用値は「平均値 + 2 × 標準偏差」を用いている
5) 発生源から照査位置（山麓部）への到達数が極端に少ないケースは対象としない

表2.5 中に示す「到達率」は，図2.8 に示すように，発生源から照査位置（山麓部）まで止まらずに到達した割合である．「崖錐の占める割合」は，発生源から照査位置（山麓部）までの斜面表面の土質を，崖錐と岩盤に区分したときの崖錐の割合である．

図2.12 に，逆算した等価摩擦係数と平均斜面勾配の関係を示す．斜面勾配について顕著な傾向はみられないが，45° 以上の急勾配斜面では等価摩擦係数が比較的小さくなる．図2.13 に，逆算した等価摩擦係数と落石重量の関係を示す．斜面勾配が 45° 以上のデータ数がやや少ないが，落石重量による顕著な傾向は認められないようである．後述するように，図2.13 の下限として等価摩擦係数を設定するが，下限を設定するためのデータとしては，45° 以上の場合も，十分なデータ数があると考えられる．図2.14 に，逆算した等価摩擦係数と落下高さの関係を示す．落下高さが大きく，勾配が 45° 以下の緩斜面では，等価摩擦係数が落下高さに応じて増加する傾向があり，一点鎖線で示すように正の相関がみられる．相関係数は 0.41 となり，相関があるといえる．これは，落下高さが大きくなると等価摩擦係数も大きくなることを示しているが，緩勾配では，落下高さが大きければ斜面長が大きくなるために減衰する傾向が強くなることによると考えられる．図2.12 および図2.14 に示すように，斜面勾配 45° 以上では等価摩擦係数は小

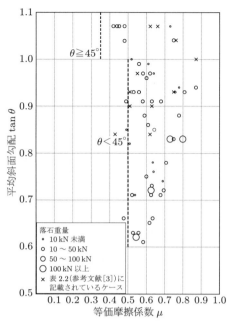

図 2.12 平均斜面勾配と等価摩擦係数の関係

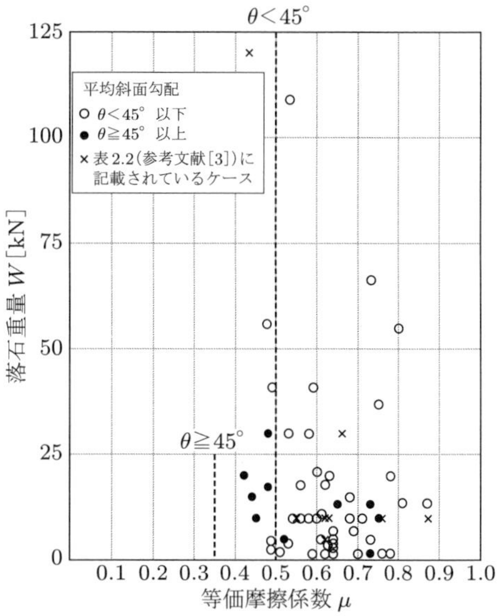

図 2.13 落石重量と等価摩擦係数の関係

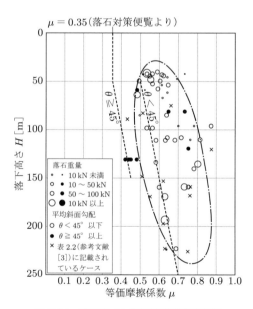

図 2.14 落下高さと等価摩擦係数の関係

さく，45°を境として，かなり明確な差が認められる．図 2.12〜2.14 中の破線は，以上のことを考慮して，設計で用いる等価摩擦係数を安全のために小さく提案するものである．ただし，斜面勾配 45°以上の場合は，プロットするデータ数が少ないため，便覧で示されている落下高さ 60 m 以下の等価摩擦係数 0.35 と，プロットデータから提案式を算定した．

2.3.3 落石運動エネルギーの推定に必要な等価摩擦係数の提案

以上の結果を表 2.6 にまとめる．表 2.1 に加えて，表 2.6 の等価摩擦係数を用いて，40 m 以上の落下高さの斜面に推定式を適用することを提案する．表 2.6 では，斜面勾配 45°でボーダーラインを設け，45°未満では落下高さ 50 m で等価摩擦係数を 0.5 とした．45°以上では，落下高さ 50 m で等価摩擦係数 0.35 を目安とする．岩盤主体の急勾配斜面（45°以上）においても分析を行い，提案式の数値を上回ることはないことを確認したため，岩盤斜面においても有効である．実際，運動エネルギーは，推定式において実落下高さで算定した場合では過大に，落下高さ 40 m を上限とした場合では過小に評価されていたが，提案式では，全体的な傾向として，これらの中間的な値となる．

表 2.6 落下高さ 40 m 以上で用いる等価摩擦係数

平均斜面勾配 θ	落下高さ H	等価摩擦係数 μ	等価摩擦係数の提案式
45°未満	$\leqq 50$ m	0.50	$\mu = 0.45 + 0.001 \cdot H$
	$\leqq 100$ m	0.55	
	$\leqq 150$ m	0.60	
	$\leqq 200$ m	0.65	
45°以上	$\leqq 50$ m	0.35	$\mu = 0.30 + 0.001 \cdot H$
	$\leqq 150$ m	0.45	

参考文献

[1] 日本道路協会：落石対策便覧，2017．
[2] 勘田益男, 荒井克彦：長大斜面における落石運動エネルギー推定に必要な等価摩擦係数の提案, 日本地すべり学会誌第 46 巻, 第 1 号, pp. 48–53, 2009.
[3] 土木学会：岩盤崩壊の考え方—現状と将来展望—［実務者の手引き］, 土木学会, CD 版, 2004.
[4] 勘田益男：落石対策工設計マニュアル, 理工図書, 2002.
[5] 日本道路協会：落石対策便覧に関する参考資料—落石シミュレーション手法の調査研究資料—, 2002.
[6] 土肥行雄, 清水晴彦, 佐伯滋, 吉田博, 四藤勝彦：立山有料道路における巨岩処理と落石エネルギー評価, 土木学会第 2 回落石等による衝撃問題に関するシンポジウム講演論文集, pp. 140–145, 1993.
[7] 勘田益男, 荒井克彦：落石跳躍量予測方法の提案, 日本地すべり学会誌第 49 巻, 第 3 号, pp. 35–46, 2012.

第3章

平坦斜面における落石跳躍量の予測

3.1 落石跳躍量の予測における課題

　　落石跳躍量の予測は，道路などの保全対象側への落下を阻止するために落石防護工の形状や規模を決定する判断に用いられるため，落石防護工を計画する場合に重要である．
　　しかし，落石跳躍量の予測に関して，これまでは研究成果がほとんど報告されておらず，不明確な部分が多い．落石跳躍量を精度よく予測するには，落石シミュレーションを行うことが最善であるが，すべての現場で，かつすべての落石を対象に落石シミュレーションを行うことは困難である．便覧[1]の記載が十分に明確ではないため，便覧から予測する方法と落石シミュレーションから予測する方法では，その結果に大きな差がある．
　　本章では，多数の落石シミュレーション結果と実測値を比較することにより，落下高さから跳躍量を予測する式を提案する．また，一般的には跳躍量を2mとして設計する場合が多いが，標準的な跳躍量を2mとすることは危険であり，多数の実績に基づいて3mを標準とすることを提案する[2]．これらの提案は，落石シミュレーションを行えない場合でも，跳躍量の予測精度を確保する新しい方法を示すもので，落石対策技術における有用性は高いと考えられる．以下に，本章の方針の詳細を述べる．
　　防護対策工を計画・設計する場合に必要となる落石の衝突高さは，落石の跳躍量によって決定される．跳躍量は一般的に2mとされているが[1]，落石条件や斜面特性によっては過小評価の可能性がある．また，跳躍量が4〜5mとなることもあるとしているが，その条件も不明確である．以上より，計画・設計を行ううえで，精度の高い跳躍量の予測が求められている．
　　防護対策工を設計する場合，落石運動エネルギーを用いて防護対策工の設置位置において衝突高さを推定しなければならない．衝突高さを予測するためには，落石の跳躍量を把握する必要がある．便覧では図3.1に示す軌跡の最大跳躍量を採用するとされており，

　　「最大跳躍量hは，一般的な斜面形状の場合には落石の形状によらず，ほとんどが2m以下（総落石数の80〜85%）であるが，斜面に突起があるとこれを超える．」
とされている[1]．また，

　　「凹凸の少ない斜面では跳躍量が2mを超えることは少ないが，斜面上の局部的な

突起のある場合や，凹凸の多い斜面では，跳躍量は 2 m 以上になることがあり，落下高さの大きい場合には 4～5 m に達することもある．」
とされている．さらに，個々の現場状況に応じた落石シミュレーションを実施することが望ましいとされている．

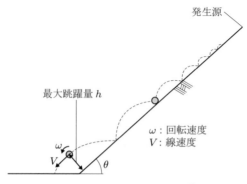

図 3.1　落石の軌跡の模式図 [1]

　実際の計画・設計では，便覧における跳躍量が 2 m 以上となる条件を明確に把握することが困難であることから，跳躍量を 2 m として設計している場合が多い．跳躍量を精度よく予測するには，落石シミュレーションを行うことが適切であるが，費用や時間の制約から実施できない場合も多い．本章では，筆者が過去に実施した落石シミュレーションにおける跳躍量データを分析・評価することにより，凹凸の少ない比較的平坦な斜面を念頭に，簡便で実用的な跳躍量の予測方法を提案する．

3.2　落石シミュレーションによる跳躍量の予測

　第 2 章で述べたように，落石シミュレーションは，極めて多数の実際斜面の落石対策に一般的に適用されている，信頼性が高い手法である．そのため，落石シミュレーションによる跳躍量の推定も信頼性があると考えられる．

3.2.1　落石シミュレーションによる跳躍量データ

　著者が過去に行った，多数の実斜面での落石シミュレーション結果から求められる跳躍量を表 3.1 に示す．対象とした実斜面は，以下の方針で選択した．
1) 落下高さに制限を設けない
2) 斜面の土質区分に制限を設けない
3) 落石重量に制限を設けない
4) 試行回数 300 回，「平均値 ＋ 2 × 標準偏差」を採用している

便覧では，最大跳躍量 h を，落石重心の軌跡の斜面垂直方向高さの最大値と定義してい

[1) 日本道路協会：落石対策便覧，2017．

表 3.1 過去に行った落石シミュレーション結果 [2]

地　点	落石重量 [kN]	落下高さ [m]	平均斜面勾配 θ[°]	鉛直方向跳躍量 [m]	斜面垂直方向跳躍量 [m]	到達率	崖錐の占める割合	突起や凹凸が顕著な地点
石川 A	2.0	54.2	33.6	11.23	5.10	163/300	80%	○
石川 B	2.0	40.2	31.4	1.97	1.68	182/300	100%	
石川 C	2.0	95.6	35.9	27.54	21.01	84/300	70%	○
石川 D	2.0	67.6	33.1	4.36	3.65	109/300	100%	
石川 E	2.0	42.4	39.3	1.73	1.34	290/300	100%	
石川 F	1.0	30.3	37.8	1.60	1.26	226/300	100%	
石川 G	7.0	16.9	37.2	1.35	1.08	236/300	100%	
石川 H	1.7	75.3	38.9	0.93	0.72	278/300	100%	
石川 I	158.2	169.0	35.6	3.21	2.61	275/300	100%	○
石川 J	58.0	58.8	57.0	2.41	1.31	299/300	30%	
石川 K	51.0	81.2	61.3	8.02	3.85	268/300	10%	○
石川 L	21.0	49.5	36.7	3.21	2.57	199/300	100%	
石川 M	13.6	80.4	49.8	14.05	9.08	300/300	30%	○
石川 N	17.0	25.0	47.8	9.58	6.43	167/300	40%	○
石川 O	17.0	25.0	47.8	8.12	5.45	186/300	40%	
石川 P	17.0	25.0	47.8	0.69	0.46	139/300	40%	
石川 Q	13.6	80.4	49.8	13.75	8.88	238/300	10%	○
石川 R	13.6	80.4	49.8	4.52	2.92	198/300	10%	
石川 S	56.2	63.2	33.6	7.98	6.11	289/300	80%	○
石川 T	17.5	58.3	46.1	16.50	9.61	300/300	40%	○
富山 A	10.0	119.2	46.2	3.60	2.49	300/300	60%	
富山 B	20.0	140.3	41.5	3.88	2.90	300/300	100%	
富山 C	10.0	133.4	44.2	4.59	3.29	300/300	100%	
富山 D	10.0	159.2	43.8	14.10	10.18	300/300	100%	○
富山 E	10.0	42.1	43.0	3.17	2.32	299/300	100%	
富山 F	30.0	42.1	43.0	3.21	2.35	300/300	100%	
富山 G	509.6	47.0	31.8	1.69	1.44	14/300	100%	
福井 A	66.3	159.0	39.9	4.47	3.43	300/300	100%	
福井 B	37.0	32.9	38.4	1.60	1.25	151/300	100%	
福井 C	13.6	96.0	43.2	0.74	0.54	292/300	80%	
福井 D	13.6	110.1	42.8	5.37	3.94	180/300	80%	○
福井 E	1.7	96.0	43.2	1.14	0.83	218/300	80%	
福井 F	1.7	110.1	42.8	9.42	6.91	145/300	80%	○
福井 G	7.0	61.3	37.3	0.61	0.49	240/300	90%	
福井 H	7.0	47.1	36.6	4.30	3.45	101/300	90%	○
新潟 A	1.7	29.6	41.1	4.23	3.19	298/300	70%	○
新潟 B	5.0	108.0	37.9	1.04	0.82	198/300	90%	
新潟 C	10.0	108.0	37.9	0.69	0.54	180/300	90%	
新潟 D	5.0	43.5	35.5	1.64	1.34	300/300	90%	

2) 勘田益男，荒井克彦：落石跳躍量予測方法の提案，日本地すべり学会誌第 49 巻，第 3 号，pp. 35-46, 2012.

表 3.1（続き）　過去に行った落石シミュレーション結果

地点	落石重量 [kN]	落下高さ [m]	平均斜面勾配 θ[°]	鉛直方向跳躍量 [m]	斜面垂直方向跳躍量 [m]	到達率	崖錐の占める割合	突起や凹凸が顕著な地点
新潟 E	10.0	43.5	35.5	1.66	1.35	295/300	90%	
新潟 F	5.0	222.4	35.4	3.21	2.62	300/300	100%	
新潟 G	10.0	222.4	35.4	1.71	1.39	293/300	100%	
新潟 H	5.0	97.6	32.1	2.84	2.40	40/300	100%	
新潟 I	10.0	97.6	32.1	3.77	3.19	15/300	100%	
新潟 J	1.7	42.1	46.9	2.07	1.41	300/300	90%	
新潟 K	55.0	135.3	39.6	1.12	0.86	236/300	90%	
三重 A	67.3	10.0	41.8	―	1.08	300/300	100%	
三重 B	67.3	22.6	39.3	1.26	0.97	300/300	70%	
三重 C	33.7	14.3	41.6	―	1.08	300/300	100%	
三重 D	33.7	25.3	39.5	1.08	0.83	300/300	80%	
三重 E	5.1	45.4	44.2	―	2.61	283/300	70%	○
三重 F	5.1	52.7	44.7	―	5.93	283/300	80%	○
三重 G	5.1	57.3	44.5	13.10	9.34	61/300	80%	○
三重 H	17.85	45.5	43.5	―	1.99	292/300	70%	○
三重 I	17.85	53.5	44.7	―	5.54	292/300	80%	○
三重 J	17.85	58.6	44.5	10.01	7.14	97/300	80%	○
三重 K	5.1	28.7	42.5	―	1.64	286/300	80%	
三重 L	5.1	35.9	42.9	―	2.67	286/300	80%	
三重 M	11.0	34.5	41.9	―	1.19	300/300	70%	
三重 N	11.0	42.8	40.6	―	0.95	126/300	80%	
三重 O	41.0	49.2	42.3	―	1.87	300/300	80%	
三重 P	41.0	57.6	41.3	―	1.63	300/300	80%	
三重 Q	208.0	190.8	52.8	3.20	1.94	298/300	20%	

る（図 3.1）．落石シミュレーションでは，防護柵のように鉛直方向に防護施設を設ける場合が多いため，図 3.2 に示すように鉛直方向跳躍量 h_1 の最大値を求める．しかし，便覧の定義と整合させるため，鉛直方向跳躍量 h_1 から斜面垂直方向跳躍量 h_2 を求めて表 3.1 に示した．したがって，本章で定義する跳躍量は，便覧と同様に，斜面垂直方向跳躍

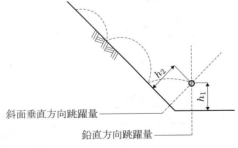

斜面垂直方向跳躍量
鉛直方向跳躍量

図 3.2　落石シミュレーションにおける跳躍量照査のパターン [3]

---

3) 勘田益男, 荒井克彦：落石跳躍量予測方法の提案, 日本地すべり学会誌第 49 巻, 第 3 号, pp. 35–46, 2012.

量である．表 3.1 中の「到達率」は，表 2.5 と同様に，発生源から照査位置まで斜面途中で止まらずに到達した割合である．「崖錐の占める割合」は，発生源から照査位置までの斜面表面の土質を崖錐と岩盤に区分したときの，崖錐の割合である．

3.2.2 跳躍量の分析

落石跳躍量にはさまざまな要因が影響する．以下では，跳躍量に影響する多様な要因についての分析とまとめを行う．

(1) 突起や凹凸が顕著な場合

図 3.3 に，表 3.1 における跳躍量の度数分布を示す．跳躍量 2 m 以下のケースは，30/63 と半数に満たない．なお，跳躍量が 3 m 以下のケースは 41/63 となる．そこで，跳躍量がおおむね 3 m 以上と，極端に大きいケースについて個々に検証する．跳躍量が大きいケースは，便覧で「斜面上の局部的な突起のある場合や，凹凸の多い斜面では，跳躍量は 2 m 以上になることがある」としている場合（以下では突起や凹凸が顕著な斜面と称する）に相当すると考えられる．実際，表 3.1 で，突起や凹凸が顕著な斜面を除くと，跳躍量が 2 m 以下となる比率は 29/42（約 70%）になる．そして，跳躍量が 3 m 以下のケースは 38/42（約 90%）になる．

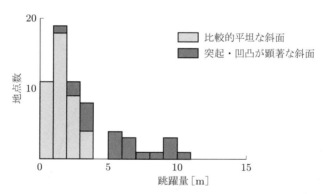

図 3.3 落石シミュレーションにおける跳躍量ごとの度数分布 [3]

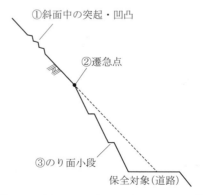

図 3.4 突起や凹凸が顕著な斜面の模式図 [3]

30 ◆ 第3章　平坦斜面における落石跳躍量の予測

著者の経験では，跳躍量が大きいケースは以下の三つの要因（**図 3.4**）に分類される．
① 斜面中の突起や凹凸が顕著
② 山麓部（防護位置付近）に遷急点（斜面上方からみて勾配が緩から急に変化する点）を有する地形

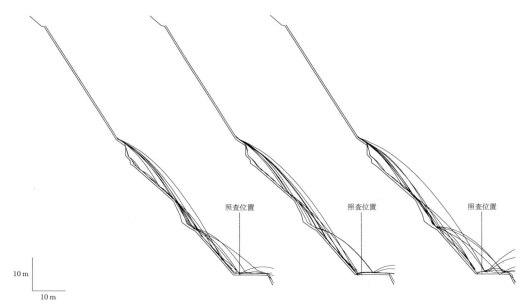

図 3.5　突起・凹凸が顕著な斜面における落石シミュレーションの事例 [4]

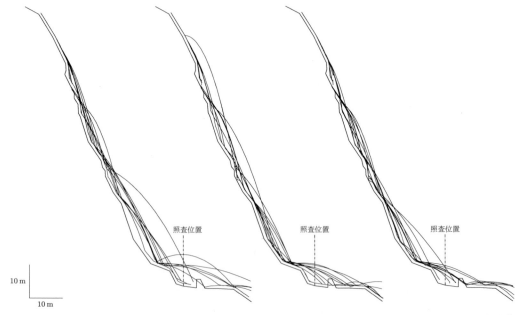

図 3.6　突起・凹凸が顕著で，山麓部に遷急点を有する地形の斜面における落石シミュレーションの事例 [4]

---

4) 勘田益男，荒井克彦：落石跳躍量予測方法の提案，日本地すべり学会誌第 49 巻，第 3 号，pp. 35–46, 2012.

③ 山麓部（防護位置付近）ののり面小段

要因 ③ は突起の一種ではあるが，人工的な形状であることから取り扱いを要因 ① とは別とした．

図 3.5 に要因 ①，図 3.6 に要因 ① と ②，図 3.7 に要因 ① と ③，図 3.8 に要因 ② と ③ が該当する事例の軌跡図を示す．要因 ② では下部の斜面勾配が急になるため，ジャンプ台のように飛び出て跳躍量が増加する．要因 ② と ③ は，防護位置に近いため，防護対策工への影響が大きくなる．図 3.5 と図 3.7 は，斜面全体の地形は同じで，小段の有無のみが異なるが，小段がある図 3.7 のほうが跳躍量が明らかに大きい．

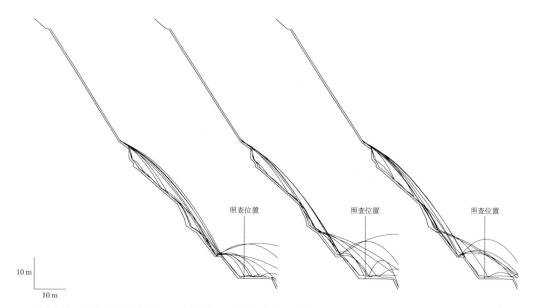

図 3.7 突起・凹凸が顕著で，山麓部にのり面小段をもつ斜面における落石シミュレーションの事例[4)]

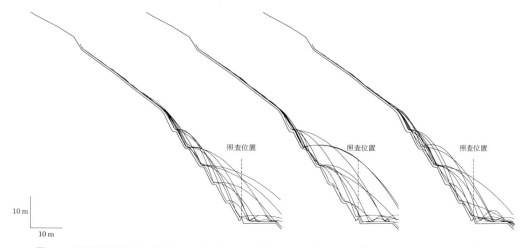

図 3.8 山麓部に遷急点を有する地形でのり面小段をもつ斜面における落石シミュレーションの事例[4)]

(2) 斜面勾配

表 3.1 に基づき，跳躍量 h と落下高さ H （式 (3.1) 参照）の関係を図 3.9 に示す．落下高さが大きくなると，跳躍量が増加する傾向が認められる．跳躍量と斜面勾配の関係を図 3.10 に示す．落下高さに比べると，斜面勾配と跳躍量の相関は明確ではない．

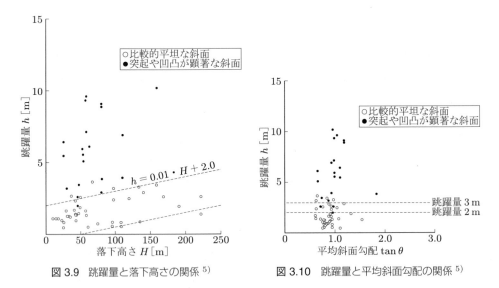

図 3.9　跳躍量と落下高さの関係[5]　　　図 3.10　跳躍量と平均斜面勾配の関係[5]

(3) 遷急点を有する地形（要因 ②）

山麓部に遷急点がある場合，斜面上部の跳躍開始の緩斜面を延長した線から求めた跳躍量 h'（図 3.11 参照）を表 3.2 に示す．遷急点の有無のほかに突起や凹凸，小段の影響もあるため，全体的に跳躍量は大きいが，遷急点を有する地形のみのケースでの跳躍量 h' は 3 m 程度である．

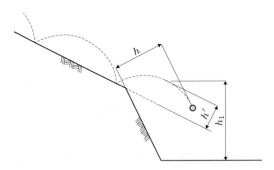

図 3.11　遷急点を有する地形における上部緩斜面の延長線に対する跳躍量[5]

---

[5] 勘田益男，荒井克彦：落石跳躍量予測方法の提案，日本地すべり学会誌第 49 巻，第 3 号，pp. 35–46, 2012.

表 3.2 遷急点を有する地形をもつ地点の上部緩斜面延長線からの跳躍量 [5]

	① 斜面中の突起や凹凸	② 山麓部遷急点の有無	③ 山麓部ののり面小段	鉛直方向跳躍量 h_1 [m]	斜面垂直方向跳躍量 h [m]	上部緩斜面延長線上の垂直方向跳躍量 h' [m]
石川 A		○	○	11.23	5.10	3.52
石川 I		○		3.21	2.61	0
石川 K	○	○		8.02	3.85	2.41
石川 N		○	○	9.58	6.43	3.14
石川 O		○	○	8.12	5.45	2.16
石川 S		○	○	7.98	6.11	0.57
石川 T		○	○	16.5	9.61	0.76
福井 D		○		5.37	3.94	0.27
福井 F		○		9.42	6.91	3.24
福井 H		○		4.30	3.45	0
富山 D	○	○		14.10	10.18	6.57
新潟 A	○	○		4.23	3.19	1.68
三重 G	○	○		13.10	9.34	7.92
三重 J	○	○		10.01	7.14	5.71

3.3 跳躍量の予測方法

3.2.3 項の分析結果に基づいて，精度の高い新たな予測方法の提案を行う．

(1) 標準的な値

斜面の地形的要因により跳躍量が大きく変化することを示した．突起や凹凸が顕著な斜面を除いた比較的平坦な斜面では，跳躍量 2 m 以下の比率が 70%，跳躍量 3 m 以下の比率が 90% となった．そのため，実際斜面での落石対策の設計で跳躍量 2 m 以下と標準的に設定することは，比較的平坦な斜面でも危険となる可能性がある．安全側の標準的な値として，跳躍量 3 m を提案する．

(2) 落下高さ H からの予測

過去の落石シミュレーションを整理した結果から，図 3.9 に示したようにばらつきは大きいものの，跳躍量 h [m] と落下高さ H [m] に次のような傾向がある．

$$h = 0.01H + 2.0 \tag{3.1}$$

とくに，落下高さが 100 m 以上となる場合には，この式を用いるとよい．

(3) 遷急点や突起・凹凸を有する地形の場合

(1)，(2) では，比較的平坦な斜面を対象にして予測方法を提案したが，遷急点や突起・凹凸を有する地形の場合では，図 3.5〜3.8 に示すように跳躍量は大きくなり，また，表 3.2 のように上部緩斜面延長線を考慮しても，予測は困難となる．そこで，第 4 章では，遷急点や突起・凹凸を有する地形を考慮した，跳躍量の予測方法について記述する．

参考文献

[1] 日本道路協会：落石対策便覧，2017.
[2] 勘田益男，荒井克彦：落石跳躍量予測方法の提案，日本地すべり学会誌第 49 巻，第 3 号，pp. 35–46，2012.

第4章
凹凸斜面における落石跳躍量の予測

4.1 凹凸斜面における落石跳躍量について

　第3章では，比較的平坦な斜面における跳躍量の予測方法を示したが，斜面勾配が急変する場合や突起が大きい場合などで斜面からの落石跳躍量の測定方法に不明瞭さ（hとh'の設定方法）がみられるという指摘（図4.1）や，跳躍量を小さく想定したために落石が防護柵を飛び越えた事例などが報告されている（図4.2）[1]．本章では斜面形状に注目し，とくに，図4.1で指摘されているような遷急点（下部斜面が上部斜面より急な場合の地形変化点）を有する斜面に着目したうえで，全体的に比較的凹凸が多い斜面（以下では凹凸斜面と称する）と全体的に比較的平坦な斜面（以下では平坦斜面と称する）の斜面評価を考慮に入れて，落石と斜面の位置関係を物理的に把握し，軌跡線として跳躍

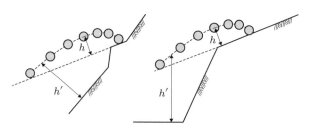

図4.1　跳躍量測定の説明図 [1]

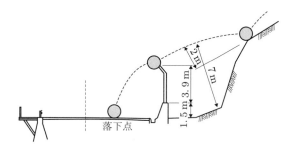

図4.2　防護柵を飛び越えた事例 [1]

---
1) 地盤工学会：落石対策工の設計法と計算例，2014．

量を予測する方法を提案する[2].

また，提案に際して，第2章や第3章と同様に，既往の落石実験や，著者が活用している落石シミュレーションの実斜面成果の経験則を活用する.

4.2 基本的な方針

2.2.2項で述べたように，落石の運動形態は，線運動（すべり運動と回転運動）と，跳躍運動と衝突運動に分けられる．地形と軌跡を決定付ける，運動に関する速度や方向の定義を図4.3の基本説明図に示す．また，図4.3に示すように，遷急点から跳躍する場合の軌跡は，飛び出し角度と飛び出し速度が推定できれば求めることができる．

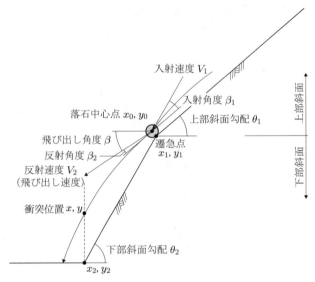

図4.3 基本説明図[2)]

跳躍量を的確に予測するために，斜面形状と落石の運動形態を考慮して4ケースを設定する．まず，遷急点より上部斜面の落石運動が線運動となる場合をCase Aとする．そのうち，線運動で遷急点に到達した落石が斜面接線方向に飛び出す場合をCase A-1とし，斜面勾配と異なる飛び出し角度が予測できる場合をCase A-2とする．また，遷急点より上部斜面の落石運動が跳躍運動となる場合をCase Bとする．そのうち，跳躍運動で衝突位置が急斜面である場合をCase B-1，緩斜面である場合をCase B-2とする．跳躍した落石が緩斜面に衝突し飛び出す場合には，反射角度が大きくなることから，飛び出し角度が小さくなったり，上向きになったりして跳躍量が大きくなる場合があるため，Case B-2の検討が必要となる．また，実務における活用を目的としているため，それぞれに計算例を添付してわかりやすくした．

---

2) 勘田益男，中村健太郎，近藤智裕，大家雄太：斜面形状を考慮した落石跳躍量の予測方法の提案，日本地すべり学会誌第52巻，第5号，pp. 15–22, 2015.

4.3 線運動の場合 (Case A)

4.3.1 飛び出し角度が斜面勾配の場合 (Case A-1)

上部斜面が比較的平坦で緩斜面であれば，線運動で遷急点まで到達し，斜面接線方向に飛び出すと考えられる．軌跡は放物線となる．

(1) 飛び出し角度

飛び出し角度 β は，上部斜面勾配 θ_1 と同一とする．

(2) 飛び出し速度

次に示す，便覧の速度算定式から，遷急点から飛び出す落石の速度 V_1 を求める．

$$V_1 = \sqrt{2g\left(1 - \frac{\mu}{\tan\theta_1}\right)H_1} \tag{4.1}$$

ここで，θ_1：上部斜面の平均斜面勾配，μ：等価摩擦係数，H_1：発生源から遷急点に至るまでの高さである．

(3) 算定方法

座標値 (x, y) を設定し，防護工の衝突位置を仮定する．飛び出し位置から到達時間 t までにおける落石の座標 (x, y) および落下速度の水平成分 V_x と鉛直成分 V_y は，以下のように表すことができる．ここで，$\beta = \theta_1$ である．なお，座標値の原点は，飛び出し位置における落石中心とする．

$$t = \frac{x}{V_1 \cos\beta} \tag{4.2}$$

$$x = V_1 \cos\beta \cdot t \tag{4.3}$$

$$y = \frac{1}{2}gt^2 + V_1 \sin\beta \cdot t \tag{4.4}$$

$$V_x = V_1 \cos\beta \tag{4.5}$$

$$V_y = gt + V_1 \sin\beta \tag{4.6}$$

飛び出し位置からの衝突位置までの水平距離 x を仮定することで，式 (4.2) より到達時間 t が求められる．また，式 (4.2) を式 (4.4) に代入することにより，下向きを正として跳躍の軌跡式を導くことができる．

$$y = \frac{g}{2V_1^2 \cos^2\beta}x^2 + \tan\beta \cdot x \tag{4.7}$$

防護工との衝突位置の速度 V_2 は，次のようになる．

$$V_2 = \sqrt{V_x^2 + V_y^2} \tag{4.8}$$

また，衝突速度から線速度エネルギー（落石の並進運動によるエネルギー）を求める

ことも可能である．

(4) 計算例 A-1

図 4.4 に示すように，上部斜面勾配 $\theta_1 = 30°$，等価摩擦係数 $\mu = 0.35$，落下高さ $H_1 = 20$ m，落石形状 $\phi 0.90$ m（球体）と仮定し，衝突位置 (x, y) を求める．

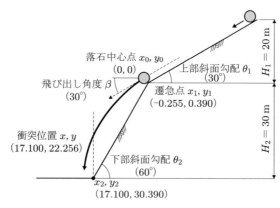

図 4.4 計算例 A-1 の条件と軌跡 [3]

遷急点からの飛び出し速度

$$V_1 = \sqrt{2 \times 9.807 \times \left(1 - \frac{0.35}{\tan 30°}\right) \times 20} = 12.429 \, \text{m/s}$$

衝突位置 $(x = 17.100 \, \text{m})$ までの到達時間

$$t = \frac{17.100}{12.429 \times \cos 30°} = 1.589 \, \text{s}$$

衝突位置の y 座標

$$y = \frac{9.807 \times 1.589^2}{2} + 12.429 \times \sin 30° \times 1.589 = 22.256 \, \text{m}$$

衝突位置

$$x = 17.100 \, \text{m}, \qquad y = 22.256 \, \text{m}$$

軌跡式

$$y = \frac{9.807}{2 \times 12.429^2 \times \cos^2 30°} x^2 + \tan 30° \times x = 0.0423 x^2 + 0.577 x$$

衝突位置での速度

$$V_x = 12.429 \times \cos 30° = 10.764 \, \text{m/s}$$

[3) 勘田益男，中村健太郎，近藤智裕，大家雄太：斜面形状を考慮した落石跳躍量の予測方法の提案，日本地すべり学会誌第 52 巻，第 5 号，pp. 15–22，2015．

$$V_y = 9.807 \times 1.589 + 12.429 \times \sin 30° = 21.798\,\text{m/s}$$

$$V_2 = \sqrt{10.764^2 + 21.798^2} = 24.311\,\text{m/s}$$

4.3.2 飛び出し角度が斜面勾配と異なる場合 (Case A-2)

図 4.5 に示すように，遷急点付近に凹凸や突起などがあり，飛び出し角度が斜面勾配と異なるが，予測できる場合がある．

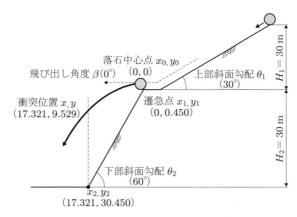

図 4.5　計算例 A-2 の条件と軌跡 [3]

(1) 飛び出し角度

飛び出し角度 β は，遷急点位置の斜面勾配と同一とする．

(2) 飛び出し速度

便覧の速度算定式から飛び出し速度を求める．Case A-1 と同様に求められる．

(3) 算定方法

Case A-1 と同様に求められる．

(4) 計算例 A-2

図 4.5 に示すように飛び出し角度 $\beta = 0°$，上部斜面勾配 $\theta_1 = 30°$，等価摩擦係数 $\mu = 0.35$，落下高さ $H_1 = 20\,\text{m}$，落石形状 $\phi 0.90\,\text{m}$（球体）と仮定し，衝突位置 (x, y) を求める．

遷急点からの飛び出し速度

$$V_1 = \sqrt{2 \times 9.807 \times \left(1 - \frac{0.35}{\tan 30°}\right) \times 20} = 12.429\,\text{m/s}$$

衝突位置 $(x = 17.321\,\text{m})$ までの到達時間

$$t = \frac{17.321}{12.429 \times \cos 0°} = 1.394\,\text{s}$$

衝突位置の y 座標

$$y = \frac{9.807 \times 1.394^2}{2} + 12.429 \times \sin 0° \times 1.394 = 9.529\,\mathrm{m}$$

衝突位置

$$x = 17.321\,\mathrm{m}, \qquad y = 9.529\,\mathrm{m}$$

軌跡式

$$y = \frac{9.807}{2 \times 12.429^2 \times \cos^2 0°}x^2 + \tan 0° \times x = 0.0317x^2$$

衝突位置での速度

$$V_x = 12.429\,\mathrm{m/s}$$
$$V_y = 9.807 \times 1.394 + 12.429 \times \sin 0° = 13.671\,\mathrm{m/s}$$
$$V_2 = \sqrt{12.429^2 + 13.671^2} = 18.476\,\mathrm{m/s}$$

4.4 跳躍運動の場合 (Case B)

　上部斜面が急勾配や岩盤斜面，凹凸斜面の場合では，跳躍運動となる可能性が高い．遷急点付近で衝突し，飛び出すと仮定する．この場合，入射角度を仮定して，反射角度から飛び出し角度を推定する必要がある．実斜面による落石シミュレーションの実績から，入射角度を推定する．落石シミュレーションの実斜面軌跡図を示す．**図 4.6～4.8** は凹凸斜面，**図 4.9～4.11** は平坦斜面の例である．

4.4.1　入射角度の推定

(1) 凹凸斜面の場合

　図 4.6～4.8 では斜面接線方向の最大跳躍距離が約 50 m であったため，**図 4.12** に示すように，安全側に配慮して試算条件の最大跳躍距離を 50 m と仮定する．試算条件は，斜面勾配が 35° と 40°，飛び出し速度は 15 m/s, 20 m/s, 25 m/s の 3 ケースとする．水平からの入射角度は，図 4.12 に示すように斜面勾配が 35° の場合では 46.5°～58.6°，斜面勾配が 40° の場合では 50.0°～59.3° である．したがって，安全側として 60° と仮定する．

(2) 平坦斜面の場合

　最大跳躍距離は，図 4.9～4.11 に示すように凹凸斜面の半分程度となっているので，20～30 m と仮定する．斜面勾配と飛び出し速度の試算条件は，凹凸斜面と同様とする．同様の試算の結果，水平からの入射角度は，斜面勾配が 35° の場合では 44.7°～52.6°，斜面勾配が 40° の場合では 43.0°～51.0° である．そこで，安全側として 55° と仮定する．

4.4 跳躍運動の場合 (Case B)

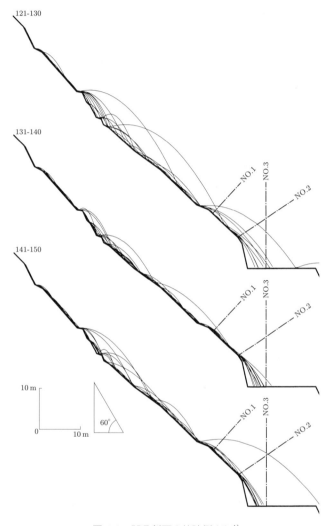

図 4.6　凹凸斜面の軌跡例 (1) [4]

---

4) 勘田益男, 中村健太郎, 近藤智裕, 大家雄太：斜面形状を考慮した落石跳躍量の予測方法の提案, 日本地すべり学会誌第 52 巻, 第 5 号, pp. 15–22, 2015.

42 ◆ 第 4 章 凹凸斜面における落石跳躍量の予測

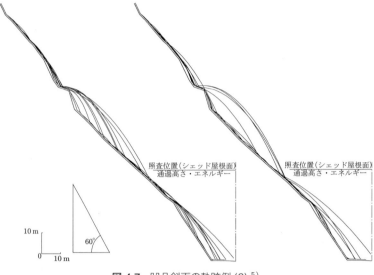

図 4.7 凹凸斜面の軌跡例 (2) [5]

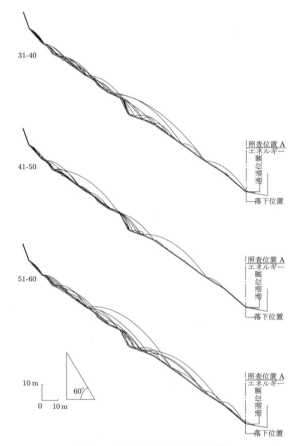

図 4.8 凹凸斜面の軌跡例 (3) [5]

---

5) 勘田益男, 中村健太郎, 近藤智裕, 大家雄太：斜面形状を考慮した落石跳躍量の予測方法の提案, 日本地すべり学会誌第 52 巻, 第 5 号, pp. 15–22, 2015.

4.4 跳躍運動の場合 (Case B)

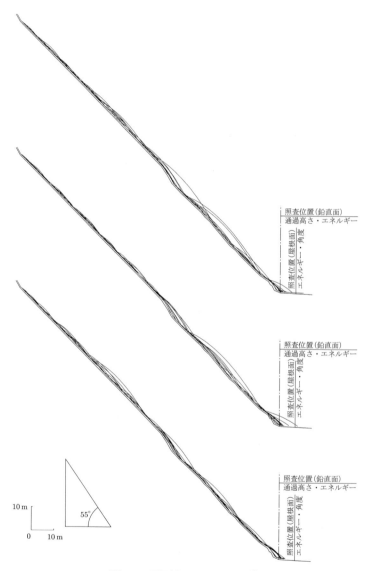

図 4.9 平坦斜面の軌跡例 (1) [5)]

44 ◆ 第4章 凹凸斜面における落石跳躍量の予測

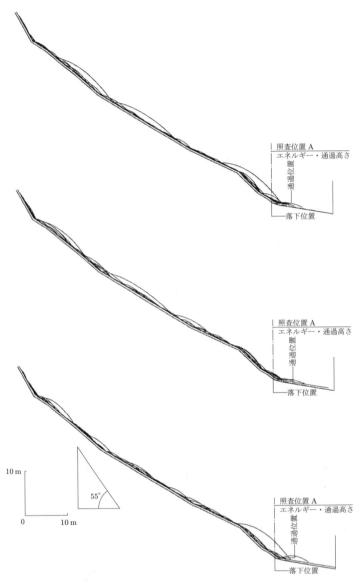

図 4.10 平坦斜面の軌跡例 (2) [6]

---

6) 勘田益男，中村健太郎，近藤智裕，大家雄太：斜面形状を考慮した落石跳躍量の予測方法の提案，日本地すべり学会誌第 52 巻，第 5 号，pp. 15–22, 2015.

4.4 跳躍運動の場合 (Case B) ◆ 45

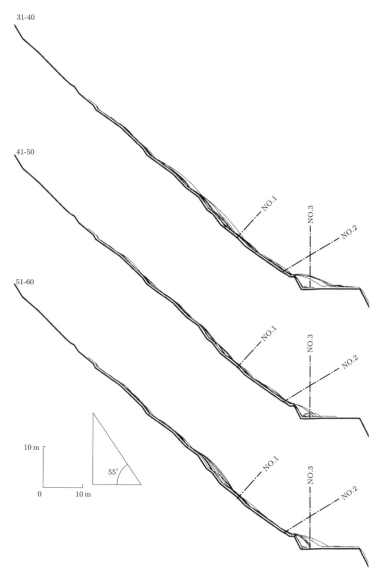

図 4.11　平坦斜面の軌跡例 (3) [6]

46 ◆ 第 4 章　凹凸斜面における落石跳躍量の予測

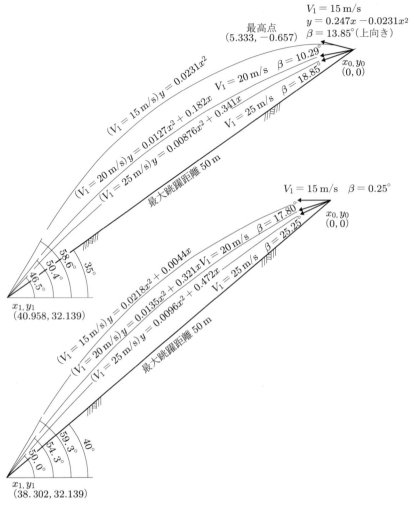

図 4.12　入射角度の推定（凹凸斜面）[7]

4.4.2　衝突位置が急斜面の場合 (Case B-1)

落石が急斜面で，衝突して水平より下向きに飛び出す場合について述べる．なお，水平より下向きとなる斜面の条件は，凹凸斜面において $\theta_1 > 17.756°$ である．

(1) 飛び出し角度

反射角度は，入射角度が既知であれば，衝突時の反発係数で決定される．反発係数は，表 2.4 より，**表 4.1** に示すように，既往の落石実験から落石条件ごとに表すことができる．入射角度と反射角度の関係を**表 4.2** に示す．表 4.1 と表 4.2 で求められる反射角度から，飛び出し角度が決定される．

---

[7] 勘田益男, 中村健太郎, 近藤智裕, 大家雄太：斜面形状を考慮した落石跳躍量の予測方法の提案, 日本地すべり学会誌第 52 巻, 第 5 号, pp. 15–22, 2015.

表 4.1 落石条件と反発係数 [7)]

	条件 ①	条件 ②	条件 ③	条件 ④
斜面土質	岩 盤	崖 錐	岩 盤	崖 錐
落石重量	10 kN 未満	10 kN 未満	10 kN 以上	10 kN 以上
法線反発係数 e	0.54 (0.28)	0.58 (0.26)	0.275 (0.28)	0.275 (0.22)
接線反発係数 ρ	0.58 (0.25)	0.77 (0.17)	0.78 (0.25)	0.78 (0.18)
出 典	園原 A (日本道路公団)	園原 B (日本道路公団)	立山有料道路 (富山県)	甲 田 (金沢大学)

※反発係数の表記は，平均値（標準偏差）である．

表 4.2 入射角度と反射角度 [7)]

	入射角度 β_1	反射角度 β_2
凹凸斜面	$60° - \theta_1$	$\tan^{-1}\left(\dfrac{\tan\beta_1 \cdot e}{\rho}\right)$
平坦斜面	$55° - \theta_1$	

(2) 飛び出し速度

遷急点に到達した速度を入射速度 V_1 として，表 4.2 より求めた入射角度と反射角度から，飛び出し速度 V_2 は式 (4.9) で求められる．入射速度 V_1 は，便覧の速度算定式 (4.1) から求められる．

$$V_2 = \frac{\rho \cos\beta_1}{\cos\beta_2} V_1 \tag{4.9}$$

ここで，ρ：接線反発係数，β_1：入射角度，β_2：反射角度である．

(3) 算出方法

Case A と同様に，座標値 (x,y) を設定し，衝突位置を求める．飛び出し位置から到達時間 t までの落石の座標 (x,y) および落下速度の水平成分 V_x と鉛直成分 V_y は，以下のように表すことができる．軌跡は放物線となる．ここで，$\beta = \theta_1 - \beta_2$ である．

$$t = \frac{x}{V_2 \cos\beta} \tag{4.10}$$

$$x = V_2 \cos\beta \cdot t \tag{4.11}$$

$$y = \frac{1}{2}gt^2 + V_2 \sin\beta \cdot t \tag{4.12}$$

$$V_x = V_2 \cos\beta \tag{4.13}$$

$$V_y = gt + V_2 \sin\beta \tag{4.14}$$

飛び出し位置からの衝突位置までの水平距離 x を仮定することで，式 (4.10) より到達時間 t が求められる．また，式 (4.12) を式 (4.10) に代入することにより，下向きを正として跳躍の軌跡式を導くことができる．

$$y = \frac{g}{2V_2^2 \cos^2\beta} x^2 + \tan\beta \cdot x \tag{4.15}$$

防護工との衝突位置での速度 V_2 は，次のようになる．

$$V_2 = \sqrt{V_x{}^2 + V_y{}^2} \tag{4.16}$$

(4) 計算例 B-1

図 4.13 に示すように，上部斜面勾配 $\theta_1 = 40°$，凹凸斜面，表 4.1 に示した落石条件は条件 ③（斜面土質：岩盤，落石重量 10 kN 以上），等価摩擦係数 $\mu = 0.15$，落下高さ $H_1 = 30$ m，落石形状 $\phi 0.90$ m（球体）と仮定し，衝突位置 (x, y) を求める．

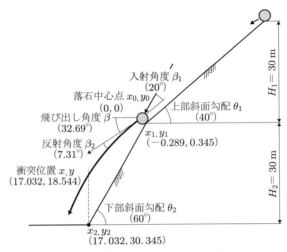

図 4.13 計算例 B-1 の条件と軌跡 [8]

遷急点への入射速度

$$V_1 = \sqrt{2 \times 9.807 \times \left(1 - \frac{0.15}{\tan 40°}\right) \times 30} = 21.983 \, \text{m/s}$$

入射角度

$$\beta_1 = 60 - 40 = 20°$$

反射角度

$$\beta_2 = \tan^{-1}\left(\frac{\tan 20° \times 0.275}{0.78}\right) = 7.310°$$

遷急点からの反射速度が飛び出し速度となる．

飛び出し角度

$$\beta = 40 - 7.310 = 32.690°$$

---

8) 勘田益男，中村健太郎，近藤智裕，大家雄太：斜面形状を考慮した落石跳躍量の予測方法の提案，日本地すべり学会誌第 52 巻，第 5 号，pp. 15–22, 2015.

衝突位置 ($x = 17.032\,\mathrm{m}$) までの到達時間

$$t = \frac{17.032}{16.245 \times \cos 32.69°} = 1.246\,\mathrm{s}$$

衝突位置の y 座標

$$y = \frac{9.807 \times 1.246^2}{2} + 16.243 \times \sin 32.69° \times 1.246 = 18.544\,\mathrm{m}$$

衝突位置

$$x = 17.032\,\mathrm{m}, \qquad y = 18.544\,\mathrm{m}$$

軌跡式

$$y = \frac{9.807}{2 \times 16.245^2 \times \cos^2 32.69°}x^3 + \tan 32.69° \times x = 0.0262x^2 + 0.642x$$

4.4.3 衝突位置が緩斜面の場合 (Case B-2)

落石が急斜面から緩斜面に到達し，衝突して飛び出す場合には，入射速度に対して反射速度は小さくなるが，反射角度が大きくなるため，飛び出し角度が小さくなったり，上向きになったりして跳躍量が大きくなる場合がある．なお，水平より上向きとなる斜面条件は，凹凸斜面において $\theta_1 < 17.755°$ である．

(1) 飛び出し角度

Case B-1 と同様に求められる．

(2) 飛び出し速度

Case B-1 と同様に求められる．

(3) 算出方法

Case B-1 と同様に求められるが，緩斜面に衝突した場合，図 4.14 に示す計算例 B-2 のように，水平より上向きに飛び出すことがある．上向きの軌跡は，以下のように求められる．

$$x = V_2 \cos \beta \cdot t \tag{4.17}$$

$$y = V_2 \sin \beta \cdot t - \frac{1}{2}gt^2 \tag{4.18}$$

$$V_x = V_2 \cos \beta \tag{4.19}$$

$$V_y = V_2 \sin \beta - gt \tag{4.20}$$

$$y = \tan \beta \cdot x - \frac{g}{2V_2^2 \cos^2 \beta}x^2 \tag{4.21}$$

最高点に達するまでの時間は，落下速度の鉛直成分 $V_y = 0$ であることから，

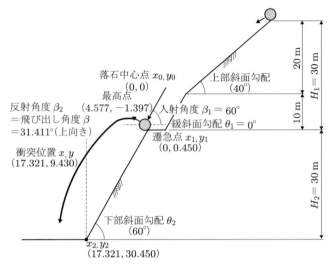

図 4.14 計算例 B-2 の条件と軌跡 [9]

$$t_h = \frac{V_2 \sin \beta}{g} \tag{4.22}$$

飛び出し位置から最高点までの高さは，式 (4.22) を式 (4.18) に代入して，

$$y_h = \frac{V_2{}^2 \sin^2 \beta}{2g} \tag{4.23}$$

飛び出し位置から最高点までの水平距離は，式 (4.22) を式 (4.17) に代入して，

$$x_h = \frac{V_2{}^2 \sin \beta \cos \beta}{g} \tag{4.24}$$

最高点に達してからの運動は，計算例 A-2 と同様となる．

(4) 計算例 B-2

図 4.14 に示すように，遷急点位置の緩斜面勾配 $\theta_1 = 0°$，上部斜面勾配 $40°$，凹凸斜面，表 4.1 に示した落石条件は条件 ③（斜面土質：岩盤，落石重量 10 kN 以上），等価摩擦係数 $\mu = 0.15$，落下高さ $H_1 = 30$ m，落石形状 $\phi 0.90$ m（球体）と仮定し，衝突位置 (x, y) を求める．ただし，緩斜面は，平坦とし崖錐とする．

遷急点への入射速度

$$V_1 = \sqrt{2 \times 9.807 \times \left(1 - \frac{0.15}{\tan 40°}\right) \times 30} = 21.983 \, \text{m/s}$$

入射角度

$$\beta_1 = 60 - 0 = 60°$$

---

[9] 勘田益男，中村健太郎，近藤智裕，大家雄太：斜面形状を考慮した落石跳躍量の予測方法の提案，日本地すべり学会誌第 52 巻，第 5 号，pp. 15–22, 2015.

反射角度
$$\beta_2 = \tan^{-1}\left(\frac{\tan 60° \times 0.275}{0.78}\right) = 31.411° \quad \text{(上向き)}$$

遷急点からの反射速度が飛び出し速度となる．
$$V_2 = \frac{0.78 \times \cos 60°}{\cos 31.411°} \times 21.983 = 10.046\,\text{m/s}$$

飛び出し角度は，水平面のため反射角度と同一となり，上向きとなる．
$$\beta = 31.411°$$

飛び出し位置から最高点までの高さ
$$y_h = \frac{10.046^2 \times \sin^2 31.411°}{2 \times 9.807} = 1.398\,\text{m}$$

飛び出し位置から最高点までの水平距離
$$x_h = \frac{10.046^2 \times \sin 31.411° \times \cos 31.411°}{9.807} = 4.577\,\text{m}$$

最高点までの軌跡式
$$y = \tan 31.411° \times x - \frac{9.807}{2 \times 10.046^2 \times \cos^2 31.411°} x^2 = 0.611x - 0.0667x^2$$

最高点の速度
$$V_x = 10.046 \times \cos 31.411° = 8.574\,\text{m/s}$$

衝突位置 ($x = 17.321\,\text{m}$) までの時間
$$t = \frac{17.321 - 4.577}{8.574} = 1.486\,\text{s}$$

衝突位置の y 座標
$$y = \frac{9.807 \times 1.486^2}{2} - 1.398 = 9.430\,\text{m}$$

衝突位置
$$x = 17.321\,\text{m}, \qquad y = 9.430\,\text{m}$$

最高点からの軌跡式
$$y = \frac{9.807}{2 \times 8.574^2 \times \cos^2 0°} x^2 + \tan 0° \times x = 0.0667x^2$$

4.5 線運動と跳躍運動の判定

本章では，上部斜面の運動が線運動か跳躍運動かで分けて計算を行った．過去の研究では，線運動から跳躍運動に移行する限界速度が，「園原（日本道路公団）」や「甲田（金沢大学）」の落石実験より，崖錐斜面では，3〜12 m/s，岩盤斜面では，0〜7 m/s とされている[3]．しかし，限界速度を多少上回った程度では，跳躍量は大きくならない．たとえば，計算例 A-1 では限界速度を超えている可能性があるが，斜面規模そのものが小さく，Case B-1 の平坦斜面のように 20〜30 m の跳躍距離に達するとは考えられない．したがって，斜面勾配にかかわらず，平坦斜面で斜面長が小さければ，線運動と判断して問題はない．

4.6 凹凸斜面と平坦斜面の判定

凹凸斜面と平坦斜面を明瞭に区分することは困難である．しかし，図 4.4〜4.6 と図 4.7〜4.9 で比較できるように，凹凸斜面では，凹凸の度合いは数メートル程度の規模が目安となり，これらが連続すれば凹凸斜面と判断してよい．また，凹凸斜面も小さな遷急点の連続とみなすことができるため，凹凸部分の急斜面から緩斜面へ落下した場合，大きく跳躍する可能性が高くなる．跳躍量の予測にはこのような配慮が重要である．

参考文献

[1] 地盤工学会：落石対策工の設計法と計算例，2014.
[2] 勘田益男，中村健太郎，近藤智裕，大家雄太：斜面形状を考慮した落石跳躍量の予測方法の提案，日本地すべり学会誌第 52 巻，第 5 号，pp. 15–22，2015.
[3] 吉田博，右城猛，桝谷浩，藤井智弘：斜面性状を考慮した落石覆工の衝撃荷重の評価，土木学会構造工学論文集 Vol. 37A, pp. 106–119, 1991.

第 II 部

落石対策工の評価と設計法

第5章

落石予防工の評価と設計法

5.1 落石予防工とは

　落石予防工は，落石の発生自体を予防するために，発生源で用いられる対策である．発生源に直接はたらきかける対策であるため，予防効果に対する信頼性が高い．

　接着工について，平成29年版便覧では，「現状ではその機能や性能に不明な部分があるので適応実績を考慮して活用するのがよい」とされている[1]．そこで，著者らが実験に基づいて実施した評価法を記述する[2]．また，便覧には記載はないが，信頼性が高く大規模岩塊に対応可能なワイヤロープ掛工や，実績が最も多い接着工を活用した根固め工の設計法について記述する．

5.2 接着工

　落石予防工のなかで最も実績が多い接着工は，接着モルタルを使用して，不安定な浮石や転石を安定な岩塊や岩盤と接着し，一体化することによって安定化を図る工法である[3]（以下，岩接着モルタル工法と称する）．岩接着モルタル工法施工前後の事例を**写真5.1～5.4**に示す．岩接着モルタル工法は，国内で3000件以上の施工実績をもつが，現位置における簡単で信頼性の高い接着効果の確認方法が確立されていないことが課題である．従来は，コアボーリングで試料を採取して引張試験などを行う，破壊的な方法が用いられているが，この方法は以下の問題点をもつ．

1) 確認できる箇所が全体の接着面と比べて小さく，信頼性に欠ける．
2) 工費が高価となり，長時間を要する．
3) ボーリングが困難である場合も多い．

　したがって，本節では，非破壊的な方法による接着効果の評価について記述する[2]．

　本節では，後述する落石危険度振動調査法を適用して，岩接着モルタル工法の接着効果を客観的かつ定量的に評価するために，2種類の模型実験と現場実験を行った結果を述べる．また，模型実験では，岩接着モルタル工法を用いて供試体を接着や充填し，その後にさまざまな状態の安定性を計測した．とくに，接着作業（基盤と一体化する接着

写真 5.1　岩接着モルタル工法施工前（岡山県内）　　写真 5.2　岩接着モルタル工法施工後

写真 5.3　岩接着モルタル工法施工前（福島県内）　　写真 5.4　岩接着モルタル工法施工後

効果）と充填作業（基盤と密着した充填効果）を行い，それぞれの安定性を比較することにより，接着効果を評価する．

5.2.1　落石安定性の振動調査法
(1) 概　要

　落石危険度振動調査法は，旧日本道路公団試験研究所の奥園らによって研究・開発が始められた．奥園ら[4]は，模型実験で転石周辺と転石上部の振動加速度を測定し，実際の斜面で浮石について同様の測定を行っている．転石や浮石上部の加速度と周辺斜面の加速度の比を求め，転石や浮石の引張りに対する抵抗力が小さい場合に，加速度比が大きくなることを示している．竹内ら[5]は，実際の斜面で多数の浮石と周辺の振動速度を測定し，最大速度振幅比やスペクトル比が落石安定性の有効な判定基準になることを示した．永吉ら[6]は，実際の斜面で浮石について同様の測定を行い，浮石部と基盤部の相互スペクトルを基盤部のパワースペクトルで除した周波数応答関数を求め，周波数応答関数が単一のピークをもつ曲線で表されることを示している．また，この応答曲線から，1質点系モデルを想定した場合の卓越周波数と減衰定数を逆算することを提案している．

永吉ら[7]は，この方法を実際の斜面の浮石や転石に適用して，卓越周波数が低いほど，また減衰定数が小さいほど，落石安定性が低くなることを示している．竹本ら[8]は，模型実験と現地計測結果について種々の整理を行い，RMS (Root Mean Square) 速度振幅比と卓越周波数，減衰定数の関係で整理する方法が落石安定性を判定する有効な指標となることを示している．以上の一連の研究は，竹本ら[9]，永吉ら[10]，緒方ら[11]により統一的にまとめられている．

落石危険度振動調査法では，近傍の道路交通振動などの雑振動やカケヤによる打撃などの強制振動を振動源として，浮石部と直近の岩盤または地盤の振動特性を把握し，浮石部の安定性を評価する．図 5.1(a) のように，浮石を剛体，地盤（弾性体）をばねとダッシュポット（または粘性減衰）からなる，連成なしの 1 質点・1 自由度のモデルに置き換える．実際の浮石では，浮石の質量や地盤との接合性などの不明な点が多いが，図 5.1(b) のように，浮石と地盤上に振動計を設置すれば，以下のような周波数分析で浮石の振動特性を評価できる．図 5.1(b) で，地盤上と浮石部の振動測定結果のスペクトル $X_1(\omega)$，$X_2(\omega)$ を次式のように表す．

$$X_1(\omega) = S(\omega) I_1(\omega) \tag{5.1}$$

$$X_2(\omega) = S(\omega) U(\omega) I_2(\omega) \tag{5.2}$$

ここに，ω：角周波数，$S(\omega)$：地盤に入射する振動のスペクトル，$U(\omega)$：浮石の振動特性スペクトル，$I_1(\omega)$：基盤部振動測定系の応答特性スペクトル，$I_2(\omega)$：浮石部振動測定系の応答特性スペクトルである．式 (5.2) を式 (5.1) で除すると $S(\omega)$ が消去され，さらに振動測定系の特性が同じであれば，$I_1(\omega)$ と $I_2(\omega)$ が相殺され，次式のように浮石の振動特性を抽出できる．

$$\frac{X_2(\omega)}{X_1(\omega)} = U(\omega) \tag{5.3}$$

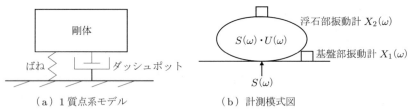

（a）1 質点系モデル　　　　　　（b）計測模式図

図 5.1　モデル化

1 自由度系の振動モデルで周期的な外力が作用した場合，定常状態に達したときの振幅応答特性は，次式の動的応答倍率 D で表される[12]．

$$D = \frac{1}{\sqrt{\left[1 - \left(\dfrac{\omega}{\omega_0}\right)^2\right]^2 + 4h^2 \left(\dfrac{\omega}{\omega_0}\right)^2}} \tag{5.4}$$

ここに，ω_0：卓越周波数，h：減衰定数である．式 (5.4) は，周波数 0 の部分で 1 になり，卓越周波数のところにピークをもち，それより周波数が高くなるに従って小さな値となる．減衰定数が小さいほどピークは高くなり，減衰定数が大きいほどピークが低くなって，やがては過減衰になり，ピークをもたない形状になる．浮石部と基盤部の距離が近く，速度振幅が大きい場合に，振動測定により得られた周波数応答関数は，ほぼ単一のピークをもつ形状をもつ場合が多く，1 自由度系の応答に近似される傾向を示す．そこで，測定された周波数応答関数に式 (5.4) をあてはめて，卓越周波数 ω_0 と減衰定数 h を逆算で求めることができる．

卓越周波数が小さいと，浮石部が長い周期で揺れていることになり，危険である．従来の調査結果から，卓越周波数が 30 Hz 以下になると浮石部が不安定とされている．また，減衰定数が小さいと，揺れ始めた浮石部の揺れが減衰しにくく，長時間揺れることになり，危険である．従来の調査結果から，減衰定数が 0.2 以下になると浮石部が不安定とされている．

(2) 調査・分析方法

(i) 分析システム

計測で用いた 3 成分振動計は動電型で，振動速度に比例した電圧が出力される．図 5.2 に分析処理のフローチャートを示す．試験計測で記録された波形をディスプレイ上に描画して良好な記録を抽出し，以下に述べる ① RMS 速度振幅比，② 周波数応答関数，③ コヒーレンス，④ 卓越周波数と減衰定数の 4 項目を計算する．

(ii) RMS 速度振幅比

最大速度振幅で振動速度を評価すると，混入している特殊な振動部分を拾う可能性があるので，次の RMS 速度振幅 A を求めて，浮石部と基盤部の振動速度振幅の比を求める．

$$A = \sqrt{\frac{1}{n} \sum_{i=1}^{n} X_i^2} \tag{5.5}$$

ここに，X_i：振動速度記録の時系列，n：サンプリング個数である．RMS 速度振幅比は，基盤部に対する浮石部の相対的な振動の大きさを表しており，この値が大きいと，浮石部が基盤部より大きな振幅で揺れることを示し，基盤部との連続性が小さく危険性が大きいと判断できる．従来の調査結果から，この値が 2 より大きいと不安定とされている．

(iii) 周波数応答関数

周波数応答関数 $\tilde{H}$ を次式で求める．

$$\tilde{H} = \frac{\tilde{G}_{xy}}{\tilde{G}_x} \tag{5.6}$$

ここに，$\tilde{G}_{xy}$：基盤部と浮石部の相互スペクトル，$\tilde{G}_x$：基盤部のパワースペクトルである．$\tilde{G}_{xy}, \tilde{G}_x$ の計算にフーリエスペクトルを用いる．振動測定記録には，対象とする測点の特性のほかに，さまざまな振動源の影響が含まれる．これらの影響を除去するため

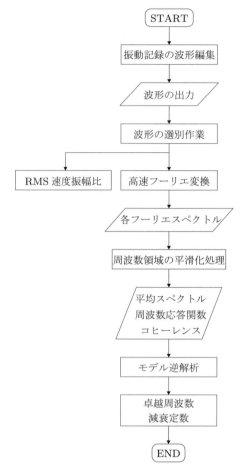

図 5.2 分析処理のフローチャート

には，複数の記録を平均することが望ましい．できるだけ誤差の少ないスペクトルを求めるために，実務で一般的に用いられているハニングウィンドウを用いて平滑化処理を行う．周波数応答関数の具体的な計算手順を以下に示す．

① 基盤部，浮石部の測定記録について，フーリエ成分を高速フーリエ変換 (FFT) で計算する．
② 基盤部のフーリエ成分を X，浮石部のフーリエ成分を Y とすると，周波数応答関数は，X^*Y/X^2 で与えられる（*は共役複素数）．
③ 次に示すハニングウィンドウの回数は，実務で一般的な 10 回とする．

$$G_0 = 0.5G_0 + 0.5G_1$$
$$G_k = 0.25G_{k-1} + 0.5G_k + 0.25G_{k+1} \quad (k=1,2,\ldots,m-1) \quad (5.7)$$
$$G_m = 0.5G_{m-1} + 0.5G_m$$

ここに，m：時間的ずれの最大数である．上式で，G_0 については第 1 波なので G_0 と G_1 の平均をとり，第 2 波からは前後の波の 1/4 を考慮して平均化し，最後

の波の G_m は，G_0 と同様に単純平均をとる．

(iv) コヒーレンス

周波数応答関数が意味のある値かどうかを判断するために，入出力の相関度合いを示す，次のコヒーレンスを用いる．

$$r_{xy}^2 = \frac{\tilde{G}_{xy}}{\tilde{G}_x \tilde{G}_y} \tag{5.8}$$

ここに，r_{xy}^2：コヒーレンス，$\tilde{G}_{xy}$：基盤部と浮石部の相互スペクトル，$\tilde{G}_x$：基盤部（入力）のパワースペクトル，$\tilde{G}_y$：浮石部（出力）のパワースペクトルである．コヒーレンスは，入出力が理想的な線形関係にあるときは1，無相関であれば0となる．浮石の場合，ノイズの混入が多いときや，浮石部と基盤部の状態が複雑で，入出力が線形関係でないときに，コヒーレンスが0に近くなる．本章では，浮石部と基盤部におけるスペクトルの相関度合いを，相関 大：コヒーレンス0.8以上で周波数帯域が広い，相関 中：コヒーレンス0.8以上で周波数帯域が狭い，相関 小：コヒーレンス0.5以上0.8未満，相関 無：コヒーレンス0.5未満，と分類した．以上の分類は，落石危険度振動調査法で用いられてきた経験に基づいている．

(v) 卓越周波数と減衰定数

式(5.4)の ω_0 と h を，次の繰り返し非線形最小二乗法で求める．式(5.4)をテイラー展開すると，次式になる．

$$\begin{aligned}
D &= D_0 + \left(\frac{\partial D}{\partial \omega_0}\right)\delta\omega_0 + \left(\frac{\partial D}{\partial h}\right)\delta h \\
\frac{\partial D}{\partial \omega_0} &= -\frac{E^{-3/2}}{2}\frac{\partial E}{\partial \omega_0}, \qquad \frac{\partial E}{\partial \omega_0} = -4\frac{\omega^2}{\omega_0^2}\left[\left(\frac{\omega}{\omega_0}\right)^2 - 1 + 2h^2\right] \\
\frac{\partial D}{\partial h} &= -4E^{-3/2}h\left(\frac{\omega}{\omega_0}\right)^2, \qquad E = \left[\left(\frac{\omega}{\omega_0}\right)^2 - 1\right]^2 + 4h^2\left(\frac{\omega}{\omega_0}\right)^2
\end{aligned} \tag{5.9}$$

ここに，$\delta\omega_0, \delta h$：補正値である．この式は線形の連立方程式であり，最小二乗法を用いて $\delta\omega_0$ や δh を求めることができる．詳細な手順は，次のとおりである．まず，ω_0 と h の初期値を仮定して，式(5.9)を用いて D_0 と偏微分係数の値を計算する．測定された応答曲線の値と式(5.9)から，求められる値の差が最も小さくなるような $\delta\omega_0$ と δh を最小二乗法で計算する．次に $(\omega_0 + \delta\omega_0)$ と $(h + \delta h)$ を次の解として，式(5.9)の値と測定された応答曲線の値の差が最も小さくなるような $\delta\omega_0$ と δh を求める．この手順を繰り返すことにより，ω_0 と h が最適な解に収束する．

(3) 落石安定性の評価

落石危険度振動調査法による安定性評価は，多数の模型実験や現地計測結果の整理に基づいて，図5.3(a)のように卓越周波数とRMS速度振幅比の関係を用いる方法と，図5.3(b)のように減衰定数とRMS速度振幅比の関係を用いる方法の2種類にまとめられて

いる[9,10,11]．図 5.3 のプロット点は，既往文献のデータである[10]．卓越周波数と RMS 速度振幅比の関係を用いる場合，RMS 速度振幅比が 2 以上で卓越周波数が 30 Hz 以下の領域は，安定性が低い．RMS 速度振幅比が 2 よりも小さい領域は，安定性が高い．減衰定数と RMS 速度振幅比を用いる場合，RMS 速度振幅比が 2 以上，減衰定数が 0.2 以下の領域は，安定性が低く，RMS 速度振幅比が 2 未満の領域は安定性が高い．二つの図とも右下になるほど安定性が低く，左上になるほど安定性が高い．これらの結果に基づき，岩接着モルタル工法施工前の自然状態では二つの図で不安定領域となり，施工後の接着で安定領域となれば，施工の効果があるといえる．図 5.3 における安定領域・不安定領域は，それまでのデータに基づいて既往文献で設定された結果であり，本節でもそのまま利用する．

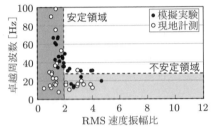 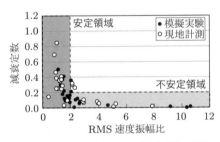

（a）RMS 速度振幅比と卓越周波数の関係　　（b）RMS 速度振幅比と減衰定数の関係

図 5.3　安定性判定図 [1)]

5.2.2　模型実験（その 1）

(1) 実験内容

図 5.4 と表 5.1，写真 5.5 と写真 5.6 に示すように，コンクリートブロック壁とアス

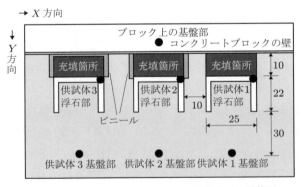

図 5.4　振動計の設置（模型実験その 1，単位 [cm]） [2)]

---

1) 緒方健治，松山浩幸，天野浄行：振動特性を利用した落石危険度判定の一手法，EXTEC, No. 62, pp. 40–43, 2002.
2) 勘田益男，宇賀田登，荒井克彦，中野秀明：落石危険度振動調査法による岩接着効果の評価に関する模型および現場実験，日本地すべり学会誌第 44 巻，第 3 号，pp. 31–40, 2007.

表 5.1 施工後の供試体の状態（模型実験その 1）

供試体 1（拘束箇所 2）	U 字溝背面と壁の隙間を岩接着モルタルで充填接着し，底部（基盤部）も接着し拘束する．
供試体 2（拘束箇所 1）	U 字溝背面と壁の隙間を岩接着モルタルで充填接着するが，底部は接着拘束しない．
供試体 3（拘束箇所 0）	U 字溝背面と壁の隙間を岩接着モルタルで充填するが，あらかじめ壁側にビニールなどを貼り，縁切りをしておく．

写真 5.5 模型実験（その 1）施工前

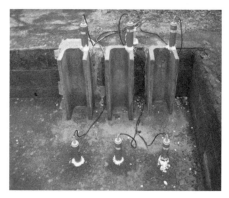

写真 5.6 模型実験（その 1）施工後

ファルト舗装地盤を基盤部とみなし，コンクリート二次製品（U 字溝）を浮石の供試体とした．表 5.1 に示す 3 種類の供試体を用いた．安定性評価のための計測（岩接着モルタル工法施工前：以下では施工前と称する）で供試体は，いずれも立脚させておくだけとした．また，岩接着モルタル工法施工後（以下では施工後と称する）では，供試体 2 と 3 の接着しない面は，図 5.4 に示すように，ビニールを挟む処理を行った．図 5.4 に供試体と振動計の配置を示すように，各供試体は背面のコンクリートブロック壁より 10 cm 離し，供試体間隔を 10 cm として設置した．振動計測に先立って，使用する振動計を同一箇所に並べて感度試験を行った（感度試験は，振動計から記録器に至るまでの測定系が各チャンネルでどのように違うかを調べるために行う）．振動計は，振動計の水平 (X, Y) 方向，上下方向をすべて同じ向きにあわせて設置した．雑振動として，周囲の道路を通行する車などの振動を利用した．安定性評価のための計測として，それぞれの供試体の振動計測を行った．その後，岩接着モルタル工法（接着材：岩接着モルタル）を施工した．施工から 5 日後に，施工後の振動計測を行った．実験後に供試体と接着モルタル部分のコアボーリングを行い，接着部分について求めた引張強度は $1.25 \sim 1.44\,\mathrm{N/mm^2}$ であった．

(2) 実験結果

(i) 振動分析の結果

表 5.2 に RMS 速度振幅比，周波数応答関数の形状，卓越周波数，減衰定数の結果を示す．表中の—は，周波数応答関数の形状でピークが現れなかったために卓越周波数と減衰定数の値が求められなかったことを示す．

表 5.2 分析結果（模型実験その 1）[3]

分析対象			RMS速度振幅比	応答曲線の形状	卓越周波数 [Hz]	減衰定数	相関
施工前	供試体 1	X 方向	2.17	鋭い単一のピーク	59.1	0.029	▲
		Y 方向	2.22	鋭い単一のピーク	53.6	0.046	▲
		Z 方向	1.15	ピークなし	—	—	▲
	供試体 2	X 方向	2.35	鋭い単一のピークと緩やかな台形状のピーク	51.0	0.055	▲
		Y 方向	3.83	二つの鋭いピーク	33.9	0.021	▲
		Z 方向	2.77	ピークなし	—	—	▲
	供試体 3	X 方向	4.05	鋭い単一のピークと緩やかな台形状のピーク	51.7	0.047	▲
		Y 方向	3.84	二つの鋭いピーク	47.7	0.075	▲
		Z 方向	1.25	ピークなし	—	—	▲
施工後	供試体 1	X 方向	1.43	緩やかな単一のピーク	220.9	0.644	▲
		Y 方向	1.44	小さな単一のピーク	215.2	0.389	▲
		Z 方向	1.15	ピークなし	—	—	▲
	供試体 2	X 方向	1.23	緩やかな単一のピーク	204.8	0.331	▲
		Y 方向	1.32	小さな単一のピーク	205.0	0.259	▲
		Z 方向	0.99	ピークなし	—	—	▲
	供試体 3	X 方向	1.31	緩やかな単一のピーク	133.7	0.084	▲
		Y 方向	1.46	緩やかな単一のピーク	152.3	0.104	▲
		Z 方向	1.16	ピークなし	—	—	▲

※相関は，コヒーレンスより，以下のように分類した．
相関 大（●）コヒーレンスが 0.8 以上で，その周波数帯も広い場合
相関 中（▲）コヒーレンスが 0.8 以上であるが，その周波数帯が狭い場合
相関 小（□）コヒーレンスが 0.5 以上 0.8 以下の場合
相関 無（×）コヒーレンスが 0.5 未満の場合

図 5.5(a) に RMS 速度振幅比を示す．図 5.3 に示したように，落石危険度振動調査法では，RMS 速度振幅比の値が 2 より大きいと浮石部は不安定，2 より小さいと安定としている．供試体 1, 2, 3 とも施工前では，X 方向と Y 方向はすべて不安定となっているが，Z 方向は鉛直方向であり安定上問題とならない．RMS 速度振幅比の値には，供試体 1, 2, 3 でばらつきがみられる．施工後は，RMS 速度振幅比が小さくなっており，すべて安定領域であり，接着効果が出ているといえる．接着箇所の少ない供試体 2 や 3 のRMS 速度振幅比が小さくなっているのは，岩接着により U 字溝の体積が増加したためと考えられる．

図 5.5(b) に卓越周波数の結果を示す．図 5.3(a) に示したように，落石危険度振動調査法では，卓越周波数の値が 30 Hz より低いと不安定，30 Hz より高いと安定としている．施工前に卓越周波数が 30 Hz 以上となっているのは，供試体の寸法が小さく，固有周期が短いためと考えられる．このように，卓越周波数には供試体の大きさが影響するため，注意が必要である．岩接着モルタル工法の施工後の卓越周波数がより高くなっているの

---

3) 勘田益男，宇賀田登，荒井克彦，中野秀明：落石危険度振動調査法による岩接着効果の評価に関する模型および現場実験，日本地すべり学会誌第 44 巻，第 3 号，pp. 31–40，2007.

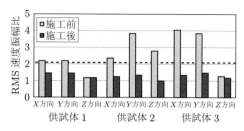

(a) RMS 速度振幅比

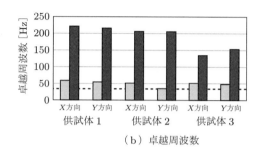

(b) 卓越周波数

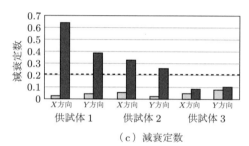

(c) 減衰定数

図 5.5　分析結果（模型実験その 1）[3]

も，供試体の寸法が小さいためと考えられる．供試体 1 と 2 では，2 の卓越周波数がやや低い．供試体 1 と 3 では，3 の卓越周波数が 50 Hz 以上低い．浮石部が不安定なほど卓越周波数は低くなることから，接着の箇所数により振動特性が異なったと考えられる．

図 5.5(c) に減衰定数を示す．落石危険度振動調査法では，図 5.3(b) に示すように，減衰定数の値が 0.2 より小さいと不安定，0.2 より大きいと安定としている．施工前では，すべての供試体で 0.2 よりかなり小さく，不安定である．施工後は，供試体 1 の減衰定数がかなり大きくなっているが，供試体 2 はそれほど大きくなっていない．供試体 3 は，施工前とほとんど変化がみられない．これも卓越周波数と同様に，接着の影響が出ているといえるが，卓越周波数より減衰定数に接着の影響が大きく現れている．

(ii) 接着効果の判定

図 5.6 に卓越周波数と RMS 速度振幅比で整理した結果を示す．すべてのケースで，施工前は不安定領域となっている．施工後は安定領域に移行しており，岩接着モルタル工法の効果が現れている．供試体 1 より 3 の施工後の卓越周波数がやや低いので，供試体 3 のほうが安定化の傾向は弱いといえる．

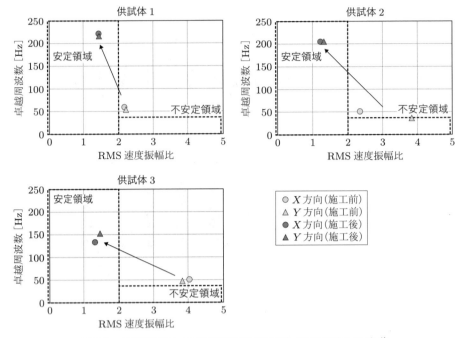

図 5.6 卓越周波数と RMS 速度振幅比の関係（模型実験その 1）[4]

図 5.7 に減衰定数と RMS 速度振幅比で整理した結果を示す．すべてのケースで，施工前は不安定領域となっている．施工後は，RMS 速度振幅比が小さく減衰定数が大きくなり安定領域に含まれる．供試体 1 より 2 の減衰定数が小さく，3 はさらに小さい．したがって，供試体 1 が最も安定化の傾向が強く，3 の安定化の傾向は弱いといえる．この傾向は，卓越周波数と RMS 速度振幅比の関係における傾向よりも顕著である．

以上の結果から，背面と底部の接着を行った供試体 1 は，安定化が明確であり，背面と底部を縁切りした供試体 3 は，安定化の傾向が供試体 1 より弱いことがわかった．底部を縁切りして背面のみを接着した供試体 2 は，供試体 1 と 3 の中間の傾向を示した．全体的に 3 供試体とも施行前はほとんどの分析で不安定と評価され，施工後の岩接着モルタル工法の効果も確認できた．また，接着効果の判定としては，減衰定数がより明確な目安となると考えられる．

5.2.3 模型実験（その 2）

(1) 実験内容

写真 5.7 および**表 5.3** に示す，4 種類の供試体を用いて実験を行った．施工の効果を正確に比較するためには，接着以外の条件はできるかぎり同一にする必要がある．基盤部に相当するアスファルト舗装表面が平坦でなく，基盤部の状態が供試体ごとに異なる可能性があるので，**図 5.8** に示すように，アスファルト舗装上にコンクリート平板を敷き，

[4) 勘田益男，宇賀田登，荒井克彦，中野秀明：落石危険度振動調査法による岩接着効果の評価に関する模型および現場実験，日本地すべり学会誌第 44 巻，第 3 号，pp. 31–40，2007．]

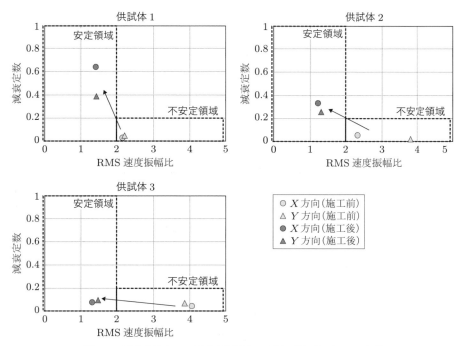

図 5.7 減衰定数と RMS 速度振幅比の関係（模型実験その 1）[4]

写真 5.7 模型実験（その 2）の全景

表 5.3 施工後の供試体の状態（模型実験その 2）[4]

項　目	接着材料	接着面積	内　　容
供試体 1	モルタル	100%	浮石部（沓石）と基盤部（平板）を完全に接着
供試体 2	モルタル	25%	浮石部の底面積の 25%を基盤部と接着
供試体 3	モルタル	0%	浮石部の底面および基盤部にビニールを貼り接着を完全阻害
供試体 4	油粘土	100%	モルタルの代わりに油粘土を用いて浮石部と基盤部を充填

アスファルト舗装と平板を岩接着モルタルで完全に接着し，平板の上に浮石を設置した．浮石部には，**図 5.9** に示すコンクリートブロック（沓石）を利用した．浮石部を不安定な状態にするため，沓石を逆さにして平板の上に設置した．また，平板と浮石部の間に木片を挟み，施工後の岩接着モルタルを充填するための隙間を作った．供試体の配置を

図 5.10 に，振動計の配置を図 5.11 に示す．供試体の詳細を図 5.12 に示す．雑振動は，周囲の道路を通行する車などの振動を利用した．施工前は，立脚しているだけの状態でそれぞれの供試体の振動計測を行った後，岩接着モルタルにより供試体と基盤部を接着や充填した．接着から 7 日後に施工後の振動計測を行い，施工前後の比較を行った．

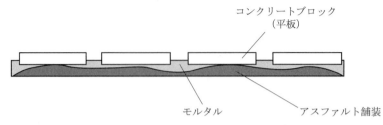

図 5.8 平板の設置（模型実験その 2）[5]

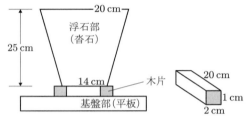

図 5.9 浮石部（沓石）の設置（模型実験その 2）[5]

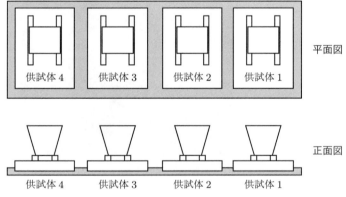

図 5.10 供試体の配置（模型実験その 2）[5]

(2) 実験結果

(i) 振動分析の結果

表 5.4 に RMS 速度振幅比，周波数応答関数の形状，卓越周波数，減衰定数を示す．表中の―は，表 5.2 と同じように，卓越周波数と減衰定数の値が求められなかったことを示す．

---

5) 勘田益男，宇賀田登，荒井克彦，中野秀明：落石危険度振動調査法による岩接着効果の評価に関する模型および現場実験，日本地すべり学会誌第 44 巻，第 3 号，pp. 31-40，2007．

5.2 接着工 ◆ 67

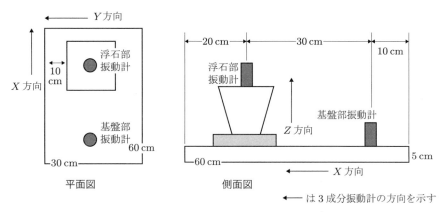

図 5.11 振動計設置図（模型実験その 2）[5]

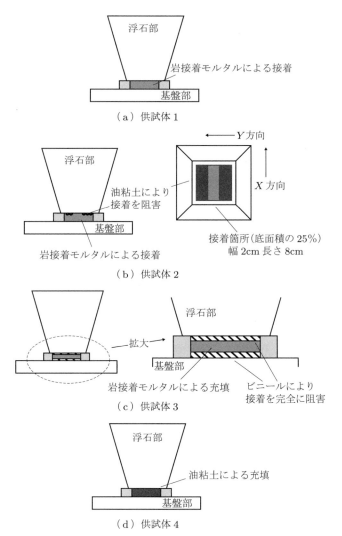

図 5.12 供試体模式図（模型実験その 2）[5]

表 5.4　分析結果（模型実験その 2）[6]

分析対象			RMS速度振幅比	応答曲線の形状	卓越周波数[Hz]	減衰定数	相関
施工前	供試体 1	X 方向	6.67	鋭い単一のピーク	12.32	0.0463	□
		Y 方向	7.35	鋭い単一のピーク	16.77	0.0481	□
		Z 方向	1.17	鋭い単一のピーク	59.16	0.060	▲
	供試体 2	X 方向	5.24	鋭い単一のピーク	20.34	0.0674	□
		Y 方向	5.80	鋭い単一のピーク	14.62	0.0865	□
		Z 方向	0.50	鋭い単一のピーク	70.09	0.2530	▲
	供試体 3	X 方向	6.85	鋭い単一のピーク	14.01	0.0334	□
		Y 方向	6.71	鋭い単一のピーク	14	0.0317	□
		Z 方向	1.19	鋭い単一のピーク	56.50	0.1150	▲
	供試体 4	X 方向	5.38	鋭い単一のピーク	11.24	0.0781	□
		Y 方向	5.65	鋭い単一のピーク	16.4	0.0688	□
		Z 方向	1.00	鋭い単一のピーク	55.34	0.1550	▲
施工後	供試体 1	X 方向	1.21	緩やかな台形状のピーク	182.57	0.3806	▲
		Y 方向	1.14	緩やかな台形状のピーク	164.73	0.1417	▲
		Z 方向	1.03	ピークなし	—	—	▲
	供試体 2	X 方向	1.05	緩やかな台形状のピーク	169.53	0.0679	▲
		Y 方向	1.13	鋭い単一のピーク	78.81	0.0460	▲
		Z 方向	0.45	ピークなし	—	—	▲
	供試体 3	X 方向	2.33	鋭い単一のピーク	39.53	0.0377	▲
		Y 方向	2.51	鋭い単一のピーク	50.6	0.0391	▲
		Z 方向	1.02	ピークなし	—	—	▲
	供試体 4	X 方向	1.38	鋭い単一のピーク	66.49	0.0582	▲
		Y 方向	1.55	鋭い単一のピーク	45.69	0.0487	▲
		Z 方向	0.88	ピークなし	—	—	▲

※相関は，コヒーレンスにより，以下のように分類した．
相関 大（●）コヒーレンスが 0.8 以上で，その周波数帯も広い場合
相関 中（▲）コヒーレンスが 0.8 以上であるが，その周波数帯が狭い場合
相関 小（□）コヒーレンスが 0.5 以上 0.8 以下の場合
相関 無（×）コヒーレンスが 0.5 未満の場合

図 5.13(a) に，接着前後の RMS 速度振幅比を示す．前述のように，落石危険度振動調査法では，RMS 速度振幅比の値が 2 より大きいと不安定としている．施工前では，Z 方向を除いて不安定領域となっているが，Z 方向は，鉛直方向であるため問題はない．また，どの供試体も，水平方向（X, Y 方向）で施工前に比べて施工後で RMS 速度振幅比の値小さい．供試体 1 と 4 を比較すると，接着材の違いによる差はあまり認められない．ビニールにより接着を阻害した供試体 3 は，ほかの供試体に比べて施工後の値が大きく不安定である．

図 5.13(b) に，接着前後の卓越周波数を示す．前述のように，落石危険度振動調査法では，卓越周波数の値が 30 Hz より低い場合に不安定としている．施工前は，どの供試

---

6) 勘田益男，宇賀田登，荒井克彦，中野秀明：落石危険度振動調査法による岩接着効果の評価に関する模型および現場実験，日本地すべり学会誌第 44 巻，第 3 号，pp. 31–40，2007．

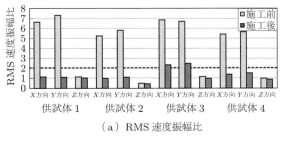
(a) RMS速度振幅比

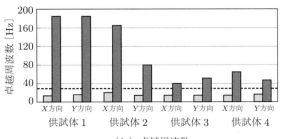
(b) 卓越周波数

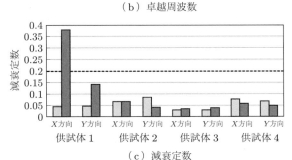
(c) 減衰定数

図 5.13　分析結果（模型実験その 2）[6]

体も卓越周波数が 30 Hz 以下で不安定であり，ばらつきも小さい．施工後は，どれも安定領域になっているが，供試体 1 に比べて供試体 3 と 4 はかなり卓越周波数が低い．また，供試体 2 では接着の阻害が大きい Y 方向の卓越周波数が X 方向と比べて半分以下と小さくなっており，接着材の違いや接着の阻害による影響は，卓越周波数に現れている．供試体 3 と 4 を比較すると，供試体 4 がやや卓越周波数が高い．供試体 1 と 2 を比較すると，2 の Y 方向の値が低い．供試体 2 の Y 方向の面は幅 2 cm しか接着していないため，Y 方向が X 方向に比べて不安定になると考えられる．

図 5.13(c) に，減衰定数の比較を示す．前述のように，落石危険度振動調査法では，減衰定数の値が 0.2 より小さいと不安定としている．施工前は，どの供試体も 0.2 よりかなり小さく，ばらつきも小さい．施工後では，供試体 1 の減衰定数はかなり大きくなっているが，供試体 2, 3, 4 は大きな変化がない．供試体 1 は，岩接着モルタルにより基盤部との一体化が進んでいるが，供試体 2, 3, 4 は十分に一体化していないことを示す．供試体 1 の Y 方向の値が小さいのは，接着幅が X 方向に比べてやや狭い（浮石部底面の両端が木片の上に乗っている）ためと考えられる．

(ii) 接着効果の判定

判定方法は，模型実験（その1）で記述したとおりである．

図5.14に，卓越周波数とRMS速度振幅比で表現した結果を示す．供試体1は，施工前は明らかに不安定領域であったものが，施工後は，充填・接着により安定領域に移行しており，浮石部と基盤部が一体化したことを示す．供試体2も同様な結果であるが，X方向に比べてY方向の卓越周波数が低いことから，Y方向の安定性の上昇が小さい．これは接着面積の影響を受けていると考えられる．供試体3と4も，施工前は不安定領域であるが，施工後も接着している状態ではないので，安定性の上昇は小さい．供試体1に比べると卓越周波数が低く，浮石部と基盤部の接着状況の違いが現れていると考えられる．

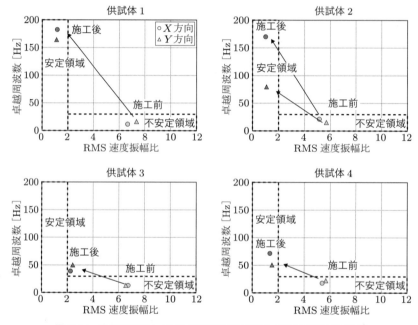

図5.14 卓越周波数とRMS速度振幅比の関係（模型実験その2）[7]

図5.15に，減衰定数とRMS速度振幅比で表現した結果を示す．供試体1は，施工前は不安定領域である．施工後のY方向の減衰定数がやや小さいが，施工前と比べるとX，Y方向ともRMS速度振幅比が小さく，減衰定数が大きくなり，安定領域に含まれる．供試体2，3，4は，施工前は不安定領域で，施工後も減衰定数が小さく施工前とほぼ同じ値である．とくに供試体3は，施工後も不安定領域に含まれていることから，4種類の供試体のうち，最も不安定といえる．

図5.16(a)に，図5.14で示した供試体ごとの結果をまとめて示す．施工前では4種類の供試体がほぼ同じ箇所にあり，不安定である．施工後の位置は，浮石部と基盤部の一

---

7) 勘田益男，宇賀田登，荒井克彦，中野秀明：落石危険度振動調査法による岩接着効果の評価に関する模型および現場実験，日本地すべり学会誌第44巻，第3号，pp. 31–40, 2007.（図5.15は原図の誤りを訂正して転載．）

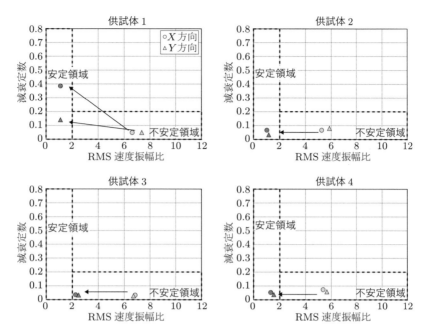

図 5.15 減衰定数と RMS 速度振幅比の関係（模型実験その 2）[7]

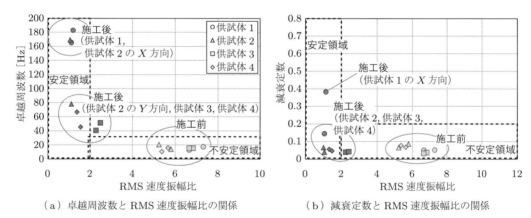

（a）卓越周波数と RMS 速度振幅比の関係　　（b）減衰定数と RMS 速度振幅比の関係

図 5.16 安定性判定（模型実験その 2）[7]

体化が十分なものと不十分なものの 2 箇所に分かれている．

　図 5.16(b) に，図 5.15 で示した供試体ごとの結果をまとめて示す．施工前は，4 種類の供試体がほぼ同じ箇所にあり，不安定である．施工後も図 5.16(a) と同様の傾向を示すが，供試体 1 の Y 方向および供試体 2 の結果から，接着面積の差による振動特性への影響は，卓越周波数よりも減衰定数が顕著である．

　結論として，施工後では，完全に縁切りされた供試体 3 と油粘土を充填した供試体 4 には，施工前後の差がみられず，岩接着モルタルにより接着された供試体 1 の結果とは大きく異なる結果となった．これは，接着効果（基盤と一体化）と充填効果（未接着・密着状態）の安定性の差と考えられる．また供試体 1 と 2 から，接着面積の差による結果の違いや方向別の安定性を確認したところ，減衰定数が安定性を感度よく判定できると

推定される．浮石は，岩盤が突出した不安定な形状で，亀裂や隙間が多く不均質であるため，岩盤内部の相対速度に起因する粘性減衰と，散乱による減衰が主であると考えられる．また，実験後の取り壊し時に，供試体1は基盤部と一体化していること，供試体2もある程度の一体化を確認した．

5.2.4 現場実験

(1) 実験内容

2種類の模型実験の結果をもとに，自然斜面の浮石において，岩接着モルタル工法の接着効果を評価するための現場実験を実施した．施工は模型実験と同様に，岩接着モルタル工法で安定性の移行を検証した．実施した場所は，神奈川県逗子市小坪地区の国指定史跡名越切通であり，複数の岩盤と岩盤から崩落した転石が存在するなかで，複数の亀裂があり崩落の可能性のある岩体を対象とした．浮石中の亀裂を境に区分した浮石部1と浮石部2にそれぞれ1台，基盤部として2台の計4台の3成分振動計を設置した．振動計は，Xを斜面の等高線方向，Yを斜面傾斜方向，ZをX–Y面と垂直方向となるように設置した．図5.17に振動計の設置図，表5.5に振動計間の距離を示す．目視では明らかに浮石部1が浮石部2より不安定とみられた．浮石部と基盤部は，施工する亀裂を挟むように設定し，基盤部は，その至近で岩盤であることが確実，あるいは地山と一体となって振動していることが確実な部分とした．振動計は，石膏で岩塊に確実に固定し，近傍に前置増幅器を置き，延長ケーブルで信号を記録本部へ電送した．基盤部が岩盤ではない場合，振動計を斜面に埋設した．雑振動で測定対象とした振動は，JR横須賀線を走行する列車とした．模型実験と同様に，岩接着モルタル工法の施工前後の振動計測を行った．

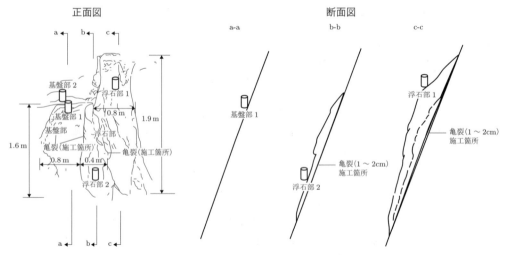

図5.17 振動計設置図（現場実験）[8]

---

8) 勘田益男，宇賀田登，荒井克彦，中野秀明：落石危険度振動調査法による岩接着効果の評価に関する模型および現場実験，日本地すべり学会誌第44巻，第3号，pp. 31–40，2007．

表 5.5 振動計間の距離（現場実験，単位 [m]）[8]

	浮石部 1	浮石部 2	基盤部 1	基盤部 2
浮石部 1		1.2	1.2	1.5
浮石部 2	1.2		1.4	1.5
基盤部 1	1.2	1.2		0.6
基盤部 2	1.5	1.5	0.6	

(2) 実験結果

(i) 振動分析の結果

基盤部 1 と 2 は距離が短く，振動特性がほぼ同じと考えられるので，浮石部 1，2 と基盤部 1 を利用して振動分析を行った．表 5.6 に，RMS 速度振幅比，周波数分析結果，卓越周波数と減衰定数の結果を示す．図 5.18(a) に，RMS 速度振幅比の結果を示す．浮石部 2／基盤部 1 を除くと，岩接着モルタル工法の施工前は，2 以上で不安定であるが，施工後は，2 以下で安定となっている．浮石部 2／基盤部 1 については，施工前後とも RMS 速度振幅比が小さいので，浮石部 2 は，施工前の危険性が高くなかったと推定される．図 5.18(b) に，卓越周波数の結果を示す．施工前の段階で，卓越周波数は 30 Hz 以上と高く，施工後と比較しても明瞭な差はみられない．施工前の浮石部には，風化が進

表 5.6 分析結果（現場実験）[8]

	分析対象		RMS 速度振幅比	応答曲線の形状	ピークの数			卓越周波数 [Hz]	減衰定数	相関
					1	2 以上	なし			
施工前	浮石部 1／基盤部 1	X 方向	2.93	小さな二つのピーク		○		42.67	0.098	●
		Y 方向	3.97	緩やかな台形上のピークと小さなピーク		○		56.70	0.070	●
		Z 方向	3.04	緩やかな台形上のピーク	○			47.48	0.069	●
	浮石部 2／基盤部 1	X 方向	1.00	ピークなし			○	—	—	●
		Y 方向	2.41	緩やかな台形上のピークと小さなピーク		○		64.08	0.125	▲
		Z 方向	1.31	小さな単一のピーク	○			72.19	0.419	●
	浮石部 1／浮石部 2	X 方向	2.94	複数の小さなピーク		○		36.53	0.058	●
		Y 方向	2.02	明瞭なピークと小さなピーク		○		46.54	0.127	▲
		Z 方向	2.28	緩やかな台形上のピークと小さなピーク		○		50.66	0.139	▲
施工後	浮石部 1／基盤部 1	X 方向	1.63	複数の小さなピーク		○		40.22	0.417	●
		Y 方向	0.62	ピークなし			○	—	—	□
		Z 方向	2.09	緩やかな台形上のピーク	○			54.75	0.227	●
	浮石部 2／基盤部 1	X 方向	2.16	緩やかな台形上のピーク	○			56.51	0.232	●
		Y 方向	1.37	ピークなし			○	—	—	▲
		Z 方向	1.33	緩やかな台形上のピーク		○		48.30	0.088	●
	浮石部 1／浮石部 2	X 方向	0.76	緩やかな台形上のピーク	○			58.77	0.347	●
		Y 方向	0.52	複数の小さなピーク		○		75.74	0.384	□
		Z 方向	1.54	緩やかな台形上のピーク	○			50.99	0.281	●

※相関は，コヒーレンスにより，以下のように分類した．
相関 大（●）コヒーレンスが 0.8 以上で，その周波数帯も広い場合
相関 中（▲）コヒーレンスが 0.8 以上であるが，その周波数帯が狭い場合
相関 小（□）コヒーレンスが 0.5 以上 0.8 以下の場合
相関 無（×）コヒーレンスが 0.5 未満の場合

み無数の亀裂や空洞がみられたので，浮石部は複数の小さな岩片に分離または砂状に変質した状態であり，施工前の浮石部が不安定でも高い卓越周波数を示したと考えられる．図 5.18(c) に，減衰定数の結果を示す．RMS 速度振幅比と同様に，減衰定数も施工前は小さいが，施工後はほとんどの場合で大きくなっており，岩接着モルタル工法の効果が現れたと考えられる．

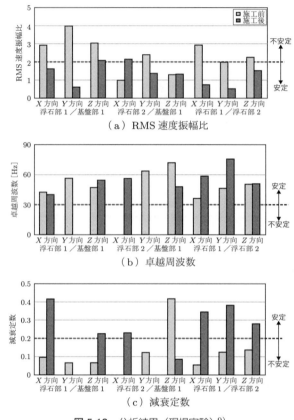

図 5.18　分析結果（現場実験）9)

(ii) 接着効果の判定

判定方法は，模型実験（その1）および（その2）で記述したとおりである．図 5.19 に，卓越周波数と RMS 速度振幅比で整理した結果を示す．どのケースも，施工前の卓越周波数が高いために不安定領域からは外れているが，施工後は，ほとんどが安定領域に含まれる．図 5.20 に，減衰定数と RMS 速度振幅比で整理した結果を示す．どのケースも，施工前は減衰定数が小さく不安定領域に含まれているが，施工後は，減衰定数が大きくなり安定領域に含まれる．この傾向は，卓越周波数と RMS 速度振幅比で整理した図 5.19 よりも顕著である．

---

9) 勘田益男，宇賀田登，荒井克彦，中野秀明：落石危険度振動調査法による岩接着効果の評価に関する模型および現場実験，日本地すべり学会誌第 44 巻，第 3 号，pp. 31–40，2007.

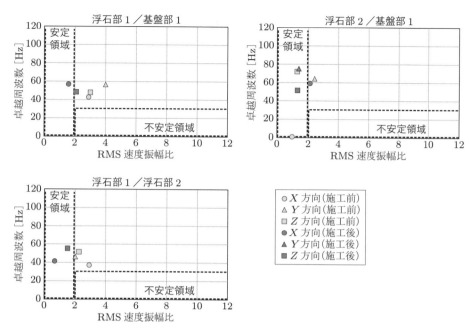

図 5.19 卓越周波数と RMS 速度振幅比の関係（現場実験）[9]

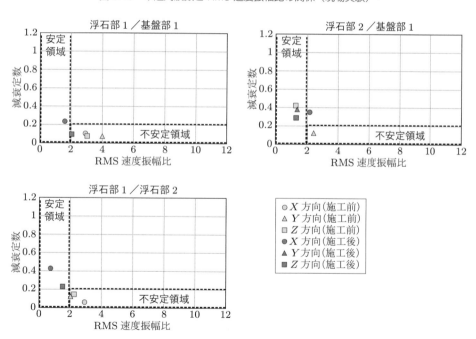

図 5.20 減衰定数と RMS 速度振幅比の関係（現場実験）[9]

以上の結果から，浮石部 2 については施工前の状態でも安定性は低くないために施工効果はやや不明瞭ではあるが，浮石部 1 と浮石部 2 および基盤部 1 は，岩接着モルタル工法により一体化したことがわかる．

5.2.5 評 価

　本節では，落石危険度振動調査法によって岩接着モルタル工法の接着効果を評価するための，2種類の模型実験と現場実験の結果を述べた．模型実験では，岩接着モルタル工法施工前と施工後の測定を実施し，施工前では，供試体と基盤部について空隙がある自然状態における安定性を評価し，施工後では完全接着（接着効果―基盤と一体化）のほかに，一部接着や空隙がない密着状態（充填効果―未接着）を作り出し，安定性を検証した．**表** 5.7 および **表** 5.8 に，模型実験において RMS 速度振幅比，卓越周波数および減衰定数における安定性判定結果を示す．施工前と施工後を比べると，全体的に安定性は向上している．また，施工後において，完全接着や大部分の接着の場合は，すべての評価指標で安定となっているが，接着が少ない場合や密着の場合は，安定と不安定に評価が分かれている．これらの結果は，施工前の自然状態，施工後の密着状態，施工後の接着状態へと安定性が上昇する傾向を示しており，接着効果の評価ができたと考えられる．これまで，隙間や亀裂をモルタルや樹脂で充填する方法が広く用いられてきたが，今回の実験より，充填効果と接着効果の差異についても評価が可能であると推測できる．

　また，減衰定数は，模型実験（その2）において，方向別の接着幅の違いが安定性にも反映され，感度が高いことが判明した．卓越周波数は，模型実験（その1）の施工前や模型実験（その2）の施工後の密着状態で安定となっており，安全側の値をとりやすい傾向がみられる．また，RMS 速度振幅比は，全体的には感度は高いがばらつきがみられる傾向がある．以上のように，評価指標の傾向や感度を確認することができた．また，現

表 5.7　模型実験（その1）の結果

	供試体1		供試体2		供試体3	
施　工	施工前	施工後	施工前	施工後	施工前	施工後
接触状態	接着率0% 空隙あり	接着率100% 完全接着	接着率0% 空隙あり	接着率80% 接着多い	接着率0% 空隙あり	接着率0% 密　着
RMS 速度振幅比	×	○	×	○	×	○
卓越周波数	○	○	○	○	○	○
減衰定数	×	○	×	○	×	×

※○は安定，×は不安定を示す

表 5.8　模型実験（その2）の結果

	供試体1		供試体2		供試体3		供試体4	
施　工	施工前	施工後	施工前	施工後	施工前	施工後	施工前	施工後
接触状態	接着率0% 空隙あり	接着率100% 完全接着	接着率0% 空隙あり	接着率25% 接着少ない	接着率0% 空隙あり	接着率0% 密　着	接着率0% 空隙あり	接着率0% 密　着
RMS 速度振幅比	×	○	×	○	×	×	×	○
卓越周波数	×	○	×	○	×	○	×	○
減衰定数	×	○	×	X 方向○ Y 方向×	×	×	×	×

※○は安定，×は不安定を示す

場実験では，施工後の浮石の安定性が上昇しており，接着効果を評価することができた．

岩接着モルタル工法については，従来は静力学的な安定性評価方法が中心であった．しかし，本節で示したように，落石危険度振動調査法という動的な方法を用いることにより，新たな信頼性のある評価が可能となったことで，落石対策技術における有用性が高いと考えられる．したがって，落石危険度振動調査法を用いて，安定性評価の各指標の特徴を考慮しつつ，岩接着モルタル工法の接着効果を評価し，工法としての信頼性を確認することが可能となった．

安定性判定の基準値は，多くの実験データを積み上げて決定しており，客観的な判定ではあるが，判断しているデータ数に限界があるため精度に限界はある．さらに，振動計測であらゆる自然状態の安定性評価が可能であるのか，という疑問もある．根本的には，安定と不安定の境界の定義そのものが不確定である点も挙げられる．また，実際の振動計測において，同一状態の供試体で評価指標ごとに安定性評価が異なるケースがみられ，各評価指標の傾向や感度などが異なることが判明した．そのため，境界値付近の判定の場合では，各評価指標の判定結果のばらつきや数値の状況を考慮して，複数の評価指標を関連付けた総合的な安定性の評価が重要と考えられる．

5.3 大規模岩塊ワイヤロープ掛工

5.3.1 概　要

従来から使用されるワイヤロープ掛工は，浮石や転石が滑動や転倒しないように格子状に組んだワイヤロープや，数本のワイヤロープなどで覆ったり，掛けたりして斜面上に固定する方法であり，横方向に張ったワイヤロープ（以下では横ワイヤロープと称する）により抑止効果を得る．従来の工法は，比較的大規模な岩塊（500 kN 程度）でも対処可能であるが，岩塊の形状により，抑止効果を得るために必要なワイヤロープ本数が掛けられなかったり，対象岩塊付近の地形条件から，横ワイヤロープに抑止効果が期待できないなどの問題がある場合では，適用が困難である．

一方，大規模岩塊ワイヤロープ掛工は，対象岩塊に直接アンカーを打設し，縦方向に張ったワイヤロープ（以下では縦ワイヤロープと称する）で上部地盤から吊るような形状で固定させることにより十分な抑止効果を発揮するため，従来の工法の適用が困難な条件でも対処が可能である[13]．ただし，対象岩塊自体が亀裂質で分離・分解する恐れがある場合には注意が必要である．なお，大規模岩塊ワイヤロープ掛工は，設計により算出されたアンカー本数が打設できれば，対応できる岩塊重量に上限はない．表 5.9 に，従来の工法との比較をまとめた．

表 5.9 大規模岩塊ワイヤロープ掛工の特徴

名　称	ワイヤロープ掛工	大規模岩塊ワイヤロープ掛工
概要	・横ワイヤロープを主体として，岩塊の滑動や転倒を防止する工法である．	・縦ワイヤロープを主体として，岩塊の滑動や転倒を防止する工法である．
適用条件	・ロープは $\phi 12\,mm \sim \phi 18\,mm$ が用いられ，ロープの本数を密にすることによって，比較的大規模（500 kN 程度）な岩塊にも対処可能である．	・ロープは，横ワイヤロープに $\phi 14$，縦ワイヤロープに $\phi 16\,mm$ または $\phi 18\,mm$ が用いられ，ロープの本数を増やすことによって，大規模な岩塊（10000 kN 以上）にも対処可能である．
アンカー	・アンカーは鋼棒体であり，アンカーの信頼性が重要となる．	・アンカーはロープ体もしくはロープ体＋鋼棒体であり，アンカーの信頼性が重要となる．

5.3.2 構　造

(1) 構造概要

　大規模岩塊ワイヤロープ掛工は，2 方向の抑止力の複合作用により岩塊を斜面に固定する工法である．

1) 岩塊に設置したアンカー（以下では岩塊用アンカーと称する）と岩塊上部の安定した斜面に設置したアンカー（以下では斜面用アンカーと称する）を縦ワイヤロープで連結させ，斜面用アンカーの引抜耐力で岩塊の滑動を抑止する．斜面用アンカーは地盤条件により，3 種類（軟弱地盤タイプ，土砂地盤タイプ，岩盤タイプ）のアンカーを選択することができる．

2) 岩塊の水平方向に横ワイヤロープを掛け，斜面に固定させ抑止する．横ワイヤロープの両端には，地盤条件にあわせて斜面用アンカー（土砂地盤タイプ，岩盤タイプ）を設置する．なお，地形条件によって斜面用アンカーの設置が困難な場合は，横ワイヤロープを用いないことも可能である．

　縦ワイヤロープ，横ワイヤロープには均一な緊張力が導入されており，地震などによる外力を受けた場合，すべての縦ワイヤロープ，横ワイヤロープに均一な荷重を負担する構造となっている．**図 5.21** に大規模岩塊ワイヤロープ掛工の構造例を示す．**写真 5.8**

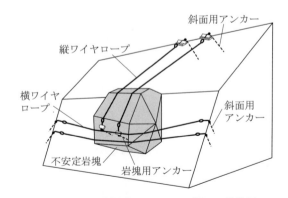

図 5.21　大規模岩塊ワイヤロープ掛工の構造例

写真 5.8 大規模岩塊ワイヤロープ掛工の施工事例（福井県内）

写真 5.9 大規模岩塊ワイヤロープ掛工の施工事例（鳥取県内）

と**写真** 5.9 に施工事例を示す．

(2) アンカー

(i) 斜面用アンカー

岩塊の上部に設置する斜面用アンカー（縦ワイヤロープ接続）は，土砂地盤タイプまたは岩盤タイプを標準とし，地盤条件により削孔長が 4 m を超える場合のみ軟弱地盤タイプを使用する．また，岩塊の横方向に設置する斜面用アンカー（横ワイヤロープの端部）は，土砂地盤タイプ，岩盤タイプのいずれかを使用する．削孔方法は，削岩機（レッグハンマー）を標準とするが，アンカー長が 3 m を超える場合は，削孔機を使用した機械掘りとする．なお，軟弱地盤タイプの実験では，削孔長が約 4.0 m，定着長約 1.0 m，削孔径 65 mm，土質が N 値 5 程度（$\tau = 0.1$ 以下相当）の条件で，引抜力 250 kN 以上の性能が確認されている．斜面用アンカー選定の目安を**表** 5.10 に示す．

表 5.10 斜面用アンカー選定の目安

形　式	地盤条件	削孔長	適　用
軟弱地盤タイプ	土砂・砂礫 粘土質	4.0 m 超	孔壁が自立する場合は，単管削孔 自立しない場合は，二重管削孔
土砂地盤タイプ	岩盤・砂礫	1.5〜4.0 m	孔壁が自立しない場合のみ使用
岩盤タイプ	岩　盤	1.4 m	孔壁が自立する場合のみ使用

(ii) 岩塊用アンカー

岩塊用アンカーは直接岩塊に設置する．岩塊用アンカーは構造用ロープの $\phi 18$ mm を使用し，頭部は環状の加工，下部は圧着留めした抵抗体とスペーサーから構成されている．岩塊用アンカーは地盤条件によって 2 種類（硬岩用と軟岩用）から選択するが，地盤条件が風化岩の場合は，アンカー長・削孔径を変更することで対処する．ただし，地盤条件によっては風化岩では施工ができない場合もあるので，入念な地盤調査が必要である．岩塊用アンカーの構成を**表** 5.11 に示す．

表 5.11 岩塊用アンカーの種類

地盤種類	削孔長	アンカー頭部	アンカー長	削孔径
硬 岩	1.10 m	0.50 m	1.60 m	50 mm
軟 岩	1.60 m	0.50 m	2.10 m	50 mm

(3) 縦ワイヤロープ

縦ワイヤロープは，構造用ロープの $\phi 16\,\mathrm{mm}$ および $\phi 18\,\mathrm{mm}$ を使用し，両端は環状の加工とワイヤクリップ加工を行う．防錆処理は亜鉛アルミニウム合金メッキをし，さらにポリエチレン被覆を行う．ポリエチレン被覆は，縦ワイヤロープと岩塊が接する部分の縦ワイヤロープの磨耗を防ぐために必要である．縦ワイヤロープは，斜面用アンカーに軟弱地盤タイプを使用する場合は $\phi 18\,\mathrm{mm}$，土砂地盤タイプまたは岩盤タイプを使用する場合は $\phi 16\,\mathrm{mm}$ を使用する．また，縦ワイヤロープは，対象岩塊の大きさや岩塊上部に設置した斜面用アンカーの設置位置に応じて長さの選定を行う．縦ワイヤロープの長さは 15 m が最小であり，5 m 間隔で増長し製作できる．

(4) 横ワイヤロープ

横ワイヤロープは，岩塊の横方向に直接掛けるために使用する．横ワイヤロープは，ガードロープの $\phi 14\,\mathrm{mm}$ を使用し，両端をワイヤクリップで加工する．ワイヤクリップで加工した両端には，連結金具を用い岩塊横方向に設置した斜面用アンカーの土砂地盤タイプまたは岩盤タイプと接続する．

5.3.3 設 計

(1) 設計の考え方

大規模岩塊ワイヤロープ掛工の設計は，以下に示す 2 種類の方法から，岩塊重量や斜面勾配に応じて選択する．

(i) 転石型

対象とする岩塊重量に上限はない．斜面勾配が緩く，ある程度の摩擦による抵抗力が期待できる箇所で，転石のすべり運動を防止する場合に用いる．岩塊の現況安全率を 1.0 と仮定し，滑落に対する安全率を向上させ岩塊を安定させる．計画安全率は，「道路土工―切土工・斜面安定工指針」[14] (p. 403) に準じ常時 1.2 以上，地震時 1.0 以上とする．

(ii) 浮石型

斜面勾配が急峻であり，摩擦による抵抗力が見込めない場合や，浮石型落石の剥離や浮石の転倒崩落が想定される場合などに用いる．摩擦などの抵抗力が期待できないケースに配慮し，岩塊の斜面方向分力相当を必要とする抑止力と仮定する．

(2) 安全率

(i) 極限周面摩擦抵抗の安全率

極限周面摩擦抵抗の安全率（長期）は，常時の荷重（長期荷重）を受けるアンカーを使用するため，「道路土工―切土工・斜面安定工指針」[14] (p. 294) に準じて 2.5 とする．

(ii) 部材の安全率

使用する部材の安全率（長期）は，すべて極限周面摩擦抵抗と同等とし，2.5 とする．

(3) 設計手順

設計は図 5.22 の手順に従って行う．

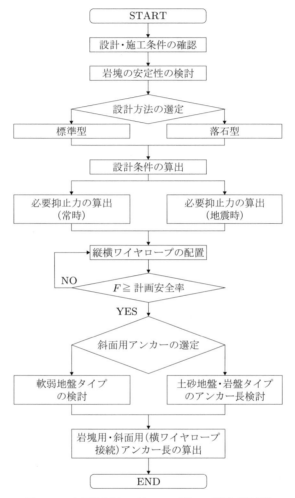

図 5.22 大規模岩塊ワイヤロープ掛工の設計手順 [13]

(4) 設計条件

(i) 岩塊重量

岩塊の形状（幅，奥行，高さ）より岩塊の体積を求め，岩塊の単位体積重量を乗じて岩塊重量を求める．

$$W = V \cdot \gamma \tag{5.10}$$

ここに，W：岩塊重量 [kN]，V：岩塊の体積 [m³]，γ：単位体積重量 [kN/m³] である．

(ii) 斜面勾配

斜面勾配は，岩塊がすべる角度より決定する．図5.23のように，平均斜面勾配と岩塊がすべる角度が異なる場合があるので注意する．

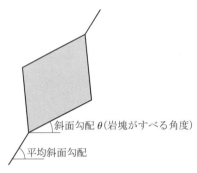

図 5.23　岩塊と斜面勾配

(iii) 岩塊と崖錐層の摩擦係数

岩塊と崖錐層の摩擦係数は，内部摩擦角が不明な場合には，「道路土工―擁壁工指針」[15] (p. 70) の基礎底面と地盤との間の摩擦係数と付着力（表5.12）より決定する．

表 5.12　基礎底面と地盤との間の摩擦係数と付着力

せん断面の条件	支持地盤の種類	摩擦係数 $\mu = \tan\phi_B$	付着力 C_B
岩または礫とコンクリート	岩　盤	0.7	考慮しない
	礫　層	0.6	考慮しない

ϕ_B：擁壁底面の摩擦角，C_B：擁壁底面と地盤との付着力

(iv) 地震時

地震時の設計を行う際に，要求性能・設計水平震度・設計鉛直震度を定めなければならない．

① 要求性能

要求性能は「道路土工―擁壁工指針」[15] (p. 42) に準じて，「重要度の区分に限らず，常時，降雨，地震動の作用に対して安全性・供用性・修復性を満足し，工法の健全性を損なわない性能」として性能1を確保できる設計を行う．

② 設計水平震度

設計水平震度は「道路土工―擁壁工指針」[15] (p. 96) に準じて，地盤種別によって異なり，さらに地域別の補正係数を乗じて決定する．地盤種別は，表5.13の岩盤，軟弱地盤，その他の地盤から選択し，レベル2地震動を想定した照査を行うものとする．地域別補正係数は「道路土工―要綱」[16] (pp. 349–351) に準じて施工地域より決定される（表5.13）．なお，設計鉛直震度は，岩塊に与える影響が小さいため考慮しない．

表 5.13 設計水平震度の標準値

地盤種別	設計水平震度 k_{h0}			地域別補正係数 c_z		
	I 種 (岩盤)	II 種 (その他の地盤)	III 種 (軟弱地盤)	A 地域	B 地域	C 地域
レベル 1 地震動	0.12	0.15	0.18	1.00	0.85	0.70
レベル 2 地震動	0.16	0.20	0.24			

(5) 転石型の設計方法

(i) 常時必要抑止力の算出

常時の必要抑止力 P は,図 5.24 のように,斜面に平行な分力 W_h,斜面に垂直な分力 W_v,摩擦による抵抗力 R_1,岩塊と斜面の結合力 R_2 を求め算出する.

斜面に平行な分力 W_h,斜面に垂直な分力 W_v,摩擦による抵抗力 R_1 を,以下の式に示す.

① 斜面に平行な分力

$$W_h = W \cdot \sin\theta \tag{5.11}$$

② 斜面に垂直な分力

$$W_v = W \cdot \cos\theta \tag{5.12}$$

③ 摩擦による抵抗力

$$R_1 = W_v \cdot \mu \tag{5.13}$$

ここに,W:岩塊重量 [kN],θ:斜面勾配 [°],μ:岩塊と崖錐層の摩擦係数である.

④ 岩塊と斜面の結合力

岩塊と斜面の結合力は,岩塊が滑動せずに安全率 1.0 の状態と仮定する.

$$R_2 = 1.0 \cdot W_h - R_1 \tag{5.14}$$

⑤ 常時の抑止力

「道路土工—切土工・斜面安定工指針」[14] (p. 403) に準じて,現在の安全率を 1.0 から 1.2 まで高めるように抑止力を与える.

$$P = W_h \cdot (1.2 - 1.0) \tag{5.15}$$

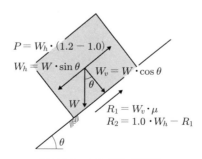

図 5.24 力の成分(常時)

(ii) 地震時必要抑止力の算出

地震時の必要抑止力 P' は，図 5.25 のように，斜面に平行な分力 W_h，斜面に垂直な分力 W_v，摩擦による抵抗力 R_1，岩塊と斜面の結合力 R_2 を求め算出する．

斜面に平行な分力 W_h，斜面に垂直な分力 W_v，摩擦による抵抗力 R_1 を，以下の式に示す．

① 斜面に平行な分力

$$W_h = (1.0 - k_v) \cdot W \cdot \sin\theta + k_h \cdot W \cdot \cos\theta \tag{5.16}$$

② 斜面に垂直な分力

$$W_v = (1.0 - k_v) \cdot W \cdot \cos\theta - k_h \cdot W \cdot \sin\theta \tag{5.17}$$

③ 摩擦による抵抗力

$$R_1 = W_v \cdot \mu \tag{5.18}$$

ここに，W：岩塊重量 [kN]，θ：斜面勾配 [°]，μ：岩塊と崖錐層の摩擦係数，k_v：設計鉛直震度，k_h：設計水平震度である．

④ 地震時の安全率

地震時における岩塊と斜面の結合力 R_2 は，常時の結合力の値（式 (5.14)）を採用する．したがって，地震時の安全率は，以下の式で表される．

$$F_S = \frac{R_1 + R_2}{W_h} \tag{5.19}$$

ここに，F_S：地震時の安全率，R_1：摩擦による抵抗力 [kN]，R_2：岩塊と斜面の結合力（常時）[kN]，W_h：斜面に平行な分力 [kN] である．

⑤ 地震時の抑止力

現在の安全率を 1.0 まで高めるように，抑止力を与える．

$$P' = W_h \cdot (1.0 - F_S) \tag{5.20}$$

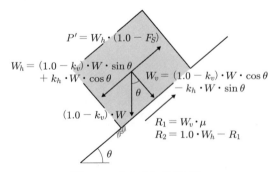

図 5.25 力の成分（地震時）

(6) 浮石型の設計方法

(i) 必要抑止力の算出

落石型の必要抑止力 P は，図 5.26 のように斜面に平行な分力 W_h，斜面に垂直な分力 W_v，摩擦による抵抗力 R_1 を求め算出する．

斜面に平行な分力 W_h，斜面に垂直な分力 W_v，摩擦による抵抗力 R_1 を，以下の式に示す．

① 斜面に平行な分力

$$W_h = W \cdot \sin\theta \tag{5.21}$$

② 斜面に垂直な分力

$$W_v = W \cdot \cos\theta \tag{5.22}$$

③ 摩擦による抵抗力

$$R_1 = W_v \cdot \mu \tag{5.23}$$

ここに，W：岩塊重量 [kN]，θ：斜面勾配 [°]，μ：岩塊と基盤の摩擦係数である．

④ 滑落時の抑止力

滑落時の抑止力は，斜面に平行な分力 W_h と摩擦による抵抗力 R_1 より求める．

$$P = W_h - R_1 \tag{5.24}$$

ただし，岩塊や斜面の状況により摩擦抵抗が見込めない場合は，R_1 を考慮しない．

⑤ 地震荷重

地震荷重 P_{se} は，岩塊重量と設計水平震度より求める．

$$P_{se} = W \cdot k_h \tag{5.25}$$

ここに，$k_h = k_{h0} \cdot c_z$，k_h：設計水平震度，k_{h0}：設計水平震度の標準値，c_z：地域別補正係数である．

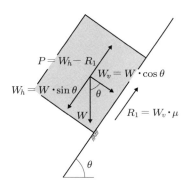

図 5.26 力の成分（常時）

(7) 横ワイヤロープ・縦ワイヤロープの設計

(i) 横ワイヤロープの設計

横ワイヤロープの設計は，便覧に準じて以下のようにおこなう（図 5.27）[1]．横ロープに作用する引張力は 40 kN とし，使用するワイヤロープは，アンカー極限抵抗力と同等の安全率 2.5 を考慮し，40 kN × 2.5 = 100 kN 以上の破断荷重を有する $\phi 14$ mm（破断荷重 109 kN）を使用する．なお，横ワイヤロープは 2 m 間隔に配置するが，岩塊高さが 2 m 以下の場合は，横ワイヤロープ間隔を縮めて，最低でも 2 本配置する．

① 斜面直角方向分力

$$P_{rv} = 40.0 \times 2 \cdot \sin \alpha \tag{5.26}$$

② 横ワイヤロープ全体の抑止力

$$P_{r1} = P_{rv} \cdot n_1 \cdot \cos \theta \tag{5.27}$$

ここに，θ：斜面勾配 [°]，α：斜面とワイヤロープのなす角度 [°]，n_1：横ワイヤロープの本数である．

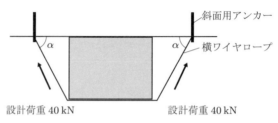

図 5.27　横ワイヤロープによる抑止力

(ii) 縦ワイヤロープの設計

縦ワイヤロープは，岩塊を斜面用アンカーと連結し，引張力による抑止力を与える．なお，斜面用アンカーのタイプにより縦ワイヤロープのタイプおよび設計荷重が異なるので，以下に各タイプについて示す．

① 斜面用アンカー（軟弱地盤タイプ）

斜面アンカー（軟弱地盤タイプ）を使用する場合は，設計荷重を 80 kN とし，使用するワイヤロープは，アンカー極限抵抗力と同等の安全率 2.5 を考慮し，80 kN × 2.5 = 200 kN 以上の破断荷重を有する $\phi 18$ mm（破断荷重 220 kN）を使用する（図 5.28）．

② 斜面用アンカー（土砂地盤・岩盤タイプ）

斜面用アンカー土砂地盤タイプおよび岩盤タイプを使用する場合は，荷重を分散する金具を用いることにより，設計荷重を 40 kN × 2 = 80 kN とする（図 5.29）．荷重を分散する金具に接する縦ワイヤロープは，曲げた状態で使用することから，曲げによる強度低下およびアンカー極限抵抗力と同等の安全率 2.5 を考慮し，

$$\frac{\text{設計荷重} \times \text{安全率}}{\text{吊本数} \times \text{強度効率}} = \frac{80 \text{ kN} \times 2.5}{2 \times 0.7} = 143 \text{ kN}$$

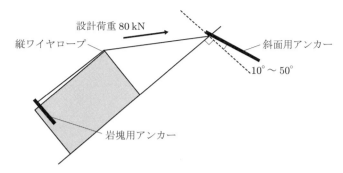

図 5.28 縦ワイヤロープによる抑止力（軟弱地盤の場合）

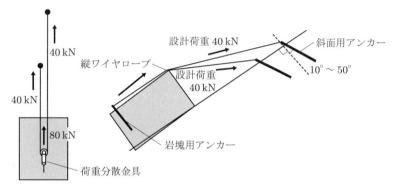

図 5.29 縦ワイヤロープによる抑止力（土砂地盤・岩盤の場合）

以上の破断荷重を有する縦ワイヤロープ $\phi 16\,\mathrm{mm}$（破断荷重 $159\,\mathrm{kN}$）を使用する．

③ 縦ワイヤロープ全体の抑止力

(a) 縦ワイヤロープの必要抑止力

$$P_{r2} = P - P_{r1} \tag{5.28}$$

ここに，P：設計抑止力 [kN]，P_{r1}：縦ワイヤロープの必要抑止力 [kN] である．

(b) 縦ワイヤロープの必要本数

$$n_2 = \frac{P_{r2}}{80} \tag{5.29}$$

縦ワイヤロープは安定性を考慮し最低 2 本使用する．

(c) 縦ワイヤロープ全体の抑止力

$$P_{r2} = 80 \times n_2 \tag{5.30}$$

(iii) 安定照査

全体の抑止力 P_r は，横ワイヤロープ全体の抑止力 P_{r1} と縦ワイヤロープ全体の抑止力 P_{r2} の和で求める．また，全体の抑止力 P_r は，設計抑止力 P よりも大きくなければならない．

$$P_r = P_{r1} + P_{r2} \geqq P \tag{5.31}$$

5.4 根固め工

　根固め工は，斜面上の浮石や転石が落下しないように，岩塊の基部や周囲を充填し固定させる工法である．図 5.30 に示すように，便覧では根固め工として，コンクリート根固めや石積み根固めが紹介され，とくに，コンクリート根固めの実績が多いとされている．しかし，山腹斜面中での場所打ちコンクリートの施工は，掘削や型枠設置，打設などで困難なことが多いため，現状では石片を使用した岩接着モルタル工法による根固め（以下では接着根固め工と称する）が多くみられる[3]．

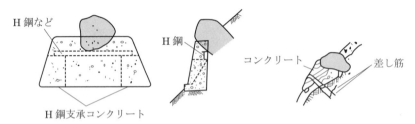

図 5.30　コンクリート根固め[10]

5.4.1 接着根固め工の特徴

　接着根固め工は，浮石型落石によって生じた不安定岩塊の対策や不安定浮石群での抜け落ち箇所・空隙部において実績が多く，斜面上の大規模な転石においても実施されている．

　接着根固め工は，コンクリート根固め工と比較して以下の利点が挙げられる．

1) 型枠の搬入や固定，コンクリート打設に伴う振動がないため，安全な作業が可能である．
2) 岩塊基部の大規模な掘削を伴わないため，現状の安全性を損なわないで作業が可能である．
3) 施工は人力主体であり，大型機械が不要であるうえ，仮設が軽微なため，高所の山腹斜面でも対処可能である．

　また，石積み根固め工と比較して，以下の利点が挙げられる．

1) 岩接着専用材料（エチレン酢酸ビニルエマルションを主材としたポリマーセメントモルタル）の使用により，強度および耐久・耐候性が向上し長期間の安定化が図られる．
2) 岩接着専用材料の使用により，基盤との接着性能が長期的に持続されるため，図 5.31 や写真 5.10 に示すように，くさび状の施工も可能である．

---

10) 日本道路協会：落石対策便覧，2017．

3) 根固め内部は，石片を中詰めした後に注入モルタルを打設することから，プレパックドコンクリート化が図られ，強度や耐久性が向上する．
4) 基盤と対象岩塊，根固め部の一体化が図られ，地震時においては基盤の振動に支配されるため，接着前に比べて安定性が向上する．

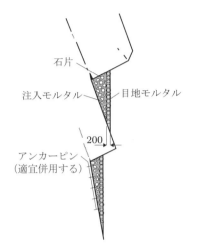

図 5.31　くさび状根固め断面図（福島県内）[11]　　写真 5.10　くさび状根固めの状況 [11]

5.4.2　接着根固め工の施工事例

(1) 浮　石

写真 5.11，5.12 に，浮石群を基盤と一体化した接着根固め工の施工事例（岡山県内）を示す．

写真 5.11　施工前の状況 [11]　　　　　　　写真 5.12　施工後の状況 [11]

---

11) 提供：第二建設株式会社

写真 5.13, 5.14 に，下部が剥離・抜け落ちにより不安定化した岩塊の，接着根固め工の施工事例（兵庫県内）を示す．

写真 5.13 施工前の状況 [12)]

写真 5.14 施工後の状況 [12)]

(2) 転　石

写真 5.15～5.17 に，支持地盤が土砂であるため，支持力を確保するために，接着根固め工の基礎部に荷重支持材を用いた施工事例（石川県内）を示す．

写真 5.15 施工前の状況 [12)]

写真 5.16 施工後の状況 [12)]

写真 5.17 荷重支持材の設置 [12)]

---

12) 提供：第二建設株式会社

写真 5.18〜5.20 に，支持地盤の地耐力を向上させるために，接着根固め工の基部に鉄筋を設置した施工事例（栃木県内）を示す．

写真 5.18　施工前の状況 [12)]

写真 5.19　施工後の状況 [12)]

写真 5.20　地盤に設置した鉄筋 [12)]

写真 5.21，5.22 に，安定性を高めるために，複数の転石を接着一体化した接着根固め工の施工事例（岡山県内）を示す．

写真 5.21　施工前の状況 [12)]

写真 5.22　施工後の状況 [12)]

(3) その他

写真 5.23〜5.26，図 5.32 に，オーバーハングする目地モルタルが自立安定（施工時）するために，補強鉄筋を併用した接着根固め工の施工事例（岐阜県内）を示す．

写真 5.23 施工前の状況 [13]

写真 5.24 施工後の状況 [13]

写真 5.25 補強鉄筋の施工（上段）[13]

写真 5.26 補強鉄筋の施工（下段）[13]

図 5.32 接着根固め断面図（岐阜県内）[13]

参考文献

[1] 日本道路協会：落石対策便覧，2017．
[2] 勘田益男，宇賀田登，荒井克彦，中野秀明：落石危険度振動調査法による岩接着効果の評価に関する模型および現場実験，日本地すべり学会誌第 44 巻，第 3 号，pp. 31–40，2007．
[3] 第二建設(株)：岩接着 DK ボンド工法・設計施工要領，2016．

---

13) 提供：第二建設株式会社

- [4] 奥園誠之, 岩竹喜久磨, 池田和彦, 酒井紀士夫：振動による落石危険度判定, 応用地質, Vol. 21, No. 3, pp. 9–12, 1980.
- [5] 竹内孝光, 原田初男, 三塚隆：落石危険度判定のための振動測定, 物理探査学会第 97 回学術講演会論文集, pp. 64–67, 1997.
- [6] 永吉哲哉, 田山聡, 緒方健治：振動特性による落石危険度調査法の試み, 第 34 回地盤工学研究発表会講演集, pp. 361–362, 1999.
- [7] 永吉哲哉, 田山聡, 緒方健治：振動特性を用いた落石危険度判定調査法の検討―現地試験計測結果の分析―, 土木学会第 54 回年次学術講演会講演集 III, pp. 456–457, 1999.
- [8] 竹本将, 松山浩幸, 緒方健治：振動特性を利用した落石調査法の模擬実験と現地計測について, 土木学会第 56 回年次学術講演会講演集 III, pp. 362–363, 2001.
- [9] 竹本将, 松山浩幸, 緒方健治：振動特性を利用した落石の危険度調査手法の検討（模擬実験と現地計測の評価）, 日本道路公団試験研究所報告, Vol. 38, pp. 9–15, 2001.
- [10] 永吉哲哉, 松繁浩二, 別宮隆司：落石振動調査法による危険度評価の検討, 土木学会第 57 回年次学術講演会講演集 III, pp. 1335–1336, 2002.
- [11] 緒方健治, 松山浩幸, 天野浄行：振動特性を利用した落石危険度判定の一手法, EXTEC, No. 62, pp. 40–43, 2002.
- [12] 国井隆弘：よくわかる構造振動学入門, 工学出版(株), 1995.
- [13] 新落石研究会：巨大岩塊固定工法設計施工要領, 2016.
- [14] 日本道路協会：道路土工―切土工・斜面安定工指針, 2009.
- [15] 日本道路協会：道路土工―擁壁工指針, 2012.
- [16] 日本道路協会：道路土工―要綱, 2009.

第6章 落石防護工の評価と設計法

6.1 落石防護工とは

　　落石防護工は，斜面から落下してくる落石の運動エネルギーを吸収し，道路などの保全対象に到達することを阻止する対策である．保全対象付近に設置されることが多いため，施工面や維持管理上で有利である．

　　本章では，平成29年版便覧で新たに示された，性能照査のための実験法に基づいて開発された高エネルギー吸収型のポケット式落石防護網と落石防護柵について解説する．ポケット式落石防護網ではネットタイプとロープタイプ，落石防護柵では自立支柱式とワイヤロープ支持式について記述する[1,2]．まず，6.2節で，これらの実験による性能照査法を述べた後，各々の評価を行う．

　　また，便覧に記載されている抑止杭を発展させ，大規模な落石に対応するために落石緩衝杭について記述する．杭体に用いる材料は，溶接構造用遠心力鋳鋼管であり，エネルギー吸収性能と施工例を示した[3]．また，落石防護擁壁の性能向上のために，自立する緩衝材として発泡スチロールを背面に設置することを提案し，設計方法と施工例を示した[4]．いずれも対策工の適用性を示すための施工例を記述した．

　　さらに，将来的なメンテナンスの観点から，緩衝材としてロックシェッド上に設置されている発泡スチロールが落石によって損傷した場合の再利用方法について提案する[5]．

6.2 ポケット式落石防護網および落石防護柵の実験による性能照査方法

6.2.1 実験による性能照査方法の解説

　　便覧における，高エネルギー吸収型のポケット式落石防護網および落石防護柵の実験による性能照査方法を**表6.1**に示す．便覧に記載されているものは，「高エネルギー吸収型落石防護工等の性能照査手法に関する研究・共同研究報告書」[6]に記載されている実験による性能照査方法を簡潔にとりまとめたものである．したがって，便覧で説明が不十分な箇所は，共同研究報告書から補完して**太字**で併記して解説した．また，**太字**で併記した部分をより明確にするため，共同研究報告書に準じて解説を加える．

表 6.1 ポケット式落石防護網および落石防護柵の実験による性能照査方法 [1,6]

	ポケット式落石防護網	落石防護柵
供試体	・実物大を原則とする． ・支柱本数，支柱間隔，阻止面の高さは任意とするが，それらを現地に適合する場合の最低構成とする．（1スパン，支柱2本以上） ・落石運動エネルギーレベルに応じて，構造体の使用が複数用意されている場合には，原則としてそれぞれに対して性能検証を実施する． ・供試体の個数は，1体以上とする．	・実物大を原則とする． ・検証対象の構造体の3スパン（支柱4本）を標準とする．支柱間隔は任意とするが，供試体の延長を現地に適用する場合の最低設置延長とする． ・落石運動エネルギーレベルに応じて，構造体の使用が複数用意されている場合には，原則としてそれぞれに対して性能検証を実施する． ・供試体の個数は，1体以上とする．
実験方式	斜面滑走式，転落式，振り子式など，任意とする．	斜面滑走式，転落式，振り子式，鉛直落下式など．
重錘形状と材質	多面体，コンクリートを標準とし，密度 2300～3000 kg/m³ を基本とする．	
衝突速度	25 m/s 以上を標準とし，25 m/s 未満の場合は実速度を適用現場における適用最大速度とする．	
入射角度	阻止面に対して垂直を基本とする．斜め衝突の場合は，垂直成分のみを入力エネルギーとして評価する．	
回転の影響	並進運動エネルギーのみとし，回転は考慮しない．	
載荷位置	水平方向にはスパン中央，鉛直方向には設計上の落石衝突位置とすることを基本とし，実験精度などを踏まえ設定する．	水平方向にはスパン中央，鉛直方向には設計上の落石衝突位置とすることを基本とし，実験精度などを踏まえ鉛直中央高さから最大衝突高さの間で設定する．
衝突前データ	重錘重量，阻止面高さ，防護網の形状寸法，使用材料のミルシートなど．	
衝突時データ	衝突直前の重錘速度，阻止面への重錘入射角度，阻止面の最大変形量，その他ロープ張力など，設計に必要な項目．	
衝突後データ	阻止面高さ，供試体の損傷状況，緩衝装置類の動作状況など．	
その他	緩衝装置を用いる場合は，その性能の安定性などに関する室内衝撃試験などを別途行う．	

※衝突時データにおける阻止面の最大変形量は，阻止面位置の衝突前と衝突後の最大の距離差と考えられる．

　まず，阻止面と重錘入射方向のなす角について，現地における落石衝突を考えると，阻止面に対する落石の入射方向や角度は，三次元的にさまざまな状況があるものと思われる．そのため，実験においてすべての状況を再現することは困難であること，また，阻止面に対する重錘の入射角度が浅くなるにしたがって，防護工に入力されるエネルギーが小さくなると想定されることから，実験における重錘の入射角度は阻止面に対して垂直を標準とし，斜めに衝突した場合には垂直成分を入力エネルギーとして評価することとしている．

　ただし，ワイヤロープ支持式落石防護柵では，阻止面が柔構造体で構成された場合にたわみが生じ直線的な面とならず，しかも支柱設置位置と阻止面設置位置が一致しないケースも考えられるため，垂直衝突の設定そのものが確定しない．また，柔構造体であるため変形の方向については制約を受けにくく，垂直衝突と斜め衝突で変形性能や吸収エネルギーの差異は小さいと考えられる．以上の2点の理由より，衝突の角度がおおむね垂直であれば，入力エネルギー算定のために，衝突速度を垂直成分に減ずる必要はな

いと考えられる．

　入力エネルギーとしては，並進運動エネルギーのみを考慮し，回転の影響は考慮しない．その理由は，斜面転落式などによる実験方法を採用した場合には，重錘が回転しながら阻止面に衝突することになるが，回転エネルギーの大きさが防護工の対衝撃挙動に及ぼす影響に関する知見が十分にないためである．

6.2.2　高エネルギー吸収型ポケット式落石防護網

　高エネルギー吸収型ポケット式落石防護網の実験は，実物大の供試体に重錘を衝突させることにより，落石衝突時の挙動を把握するとともに，落石の防護性能を検証する目的で実施した[2]．

(1) 実験の概要と方式

　高エネルギー吸収型落石防護網の性能照査実験は，レール軌道上を滑走する台車の上に重錘を載せ，供試体へ重錘を衝突させるレール滑走方式を採用した．重錘落下高さは40 m以上を確保し，重錘の飛び出し箇所は，レール設置地盤と水平であるため，重錘速度25 m/s以上で供試体に水平に衝突可能である．

　供試体は鉛直方向に設置した．供試体のアンカー反力体は，繰り返し荷重を想定し，コンクリート擁壁およびコンクリートブロック積みと一体化したH形鋼を地盤と想定した．実験施設の全景および供試体の概要を**写真6.1～6.5**，アンカー体の設置概要を**図6.1**に示す．

写真6.1　実験施設の斜め全景（飛び出し口付近）

写真6.2　実験施設の正面全景

写真 6.3　実験施設（レール滑走部）の全景　　写真 6.4　実験施設（レール滑走部内部）の全景

写真 6.5　供試体の正面全景

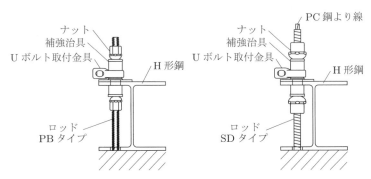

図 6.1　アンカー体の概要図

(2) 供試体寸法

供試体は，支柱間隔 10.0 m の構造体を 1 スパンとし，設置延長は 10.0 m，設置高さは 12.0 m とした．

(3) 重錘形状・材料

重錘形状は多面体とし，EOTA（European Organization for Technical Approvals,

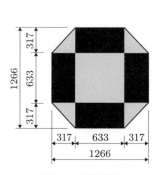

図 6.2　重錘形状　　　　　　　写真 6.6　重錘質量の測定状況

欧州技術認証機構）が定めるガイドライン ETAG27 に準じた．重錘外面は，衝撃による破損防止のため鋼製とし，内部にコンクリートを打設し製作した．重錘質量は 3904 kg で，重錘の密度は 2716 kg/m³ である．形状寸法を図 6.2，重錘質量の測定状況を写真 6.6 に示す．

(4) 衝突速度

衝突速度の計測は，レーザーによる速度計測システムで行い，高速度カメラと併用することで精度を高めた．レーザーおよび高速度カメラの配置を図 6.3，計測結果を図 6.4，

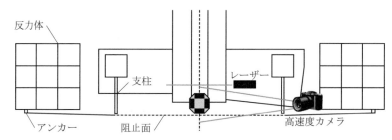

図 6.3　測定機器の配置図

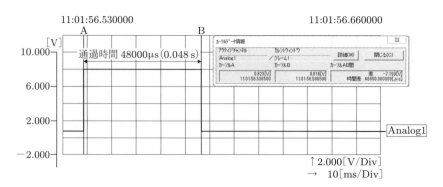

重錘寸法：1.266 m
通過速度：1.266 m / 0.048 s = 26.37 m/s

図 6.4　レーザーの計測結果

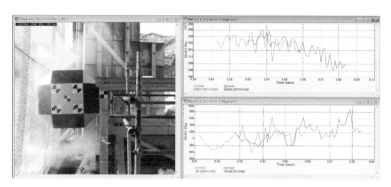

図 6.5　高速度カメラの計測結果

6.5 に示す．レーザー計測結果より，衝突速度は 26.37 m/s とした．

(5) 阻止面と重錘入射方向のなす角度

実験前の阻止面設置角度と実験時に高速度カメラで衝突角度を計測した．重錘の入射角度は，阻止面角度 $89.0°$ − 衝突角度 $0.141° = 88.859° ≒ 89°$ である．計測結果を図 6.6 に示す．

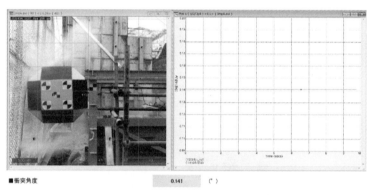

図 6.6　入射角度の計測結果

(6) 重錘の回転の影響

6.2.1 項で述べたように，阻止面衝突時の並進運動エネルギーのみを考慮し，重錘の回転の影響は考慮しない．

(7) 衝突エネルギー

重錘質量が 3904 kg，衝突速度が 26.37 m/s であり，入射角度が 89° であることから，衝突エネルギーは，速度の垂直成分より以下のように求められ，1357 kJ となる．

$$E_v = \frac{1}{2}m(V \cdot \sin\theta)^2 = \frac{1}{2} \times 3.904 \times (26.37 \times \sin 89°)^2 = 1357\,\mathrm{kJ} \quad (6.1)$$

(8) 重錘衝突位置

阻止面に対する重錘の衝突位置は，水平方向はスパン中央，鉛直方向は阻止面上端から 3.8 m の位置とした．

(9) 衝突時の状況

衝突時の最大変位が発生した写真に，模擬的に道路の建築限界を記入して**写真 6.7** に示す．便覧では，「落石の衝突時に防護網が変形して道路空間の安全性を侵さないようにしなければならない」とされている．ここで，道路空間の安全性を建築限界の不可侵と捉えた場合，衝突時の最大変位の位置は建築限界と十分に離れていることが必要となる．また，検証実験と条件が異なる場合は，信頼性を十分に検証した数値解析的手法を用いて補完することができるとされている．

写真 6.7 衝突時の最大変位が発生した瞬間の状況と道路建築限界

6.2.3 支柱自立式落石防護柵

支柱自立式落石防護柵（以下では支柱自立式柵と称する）の実験は，実物大の供試体に重錘を衝突させることにより，落石衝突時の挙動を把握するとともに，落石の防護性能を検証する目的で実施した[7]．

(1) 実験概要

支柱自立式柵の性能照査実験は，**写真 6.8** と**写真 6.9** に示す，プレキャストコンクリートを組み立てた実験設備によって行った．重錘をラフテレーンクレーンにより阻止面から 32.5 m の高さまで吊り上げてから自由落下させるため，供試体は地面に対して水平方

6.2 ポケット式落石防護網および落石防護柵の実験による性能照査方法 ◆ 101

写真 6.8 実験設備と供試体 (1)[1]

写真 6.9 実験設備と供試体 (2)[1]

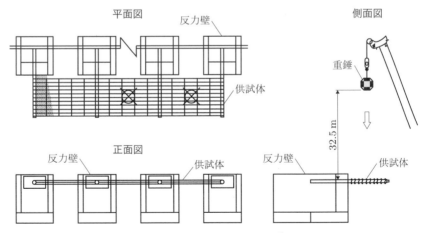

図 6.7 実験供試体の概要図[1]

向に設置した．供試体の概要を図 6.7 に示す．

---

1) 提供：ゼニス羽田株式会社

(2) 重錘衝突方法

重錘衝突方法は，鉛直落下式を採用した．鉛直落下式は，重錘をラフテレーンクレーンにより所定の高さに吊り上げ，着脱装置により自由落下衝突させる実験方法である．吊り上げる高さは，阻止面から 32.5 m とした．

(3) 供試体寸法

供試体は，支柱間隔 5.0 m の構造体を 3 スパン設置し，設置延長は 15.0 m とした．また，柵高は 3.0 m とした．

(4) 重錘形状・材料

重錘形状は多面体とし，材質はコンクリートとした．重錘質量は 1580 kg で，重錘の密度は 2350 kg/m^3 である．

(5) 衝突速度

重錘の落下開始位置と阻止面衝突位置との高低差が 32.5 m であることから，衝突速度は 25.24 m/s と算出される．

(6) 衝突エネルギー

重錘質量が 1580 kg，および重錘落下高さが 32.5 m であることから，衝突エネルギーは 503 kJ と算出される．

(7) 阻止面と重錘入射方向のなす角度

重錘の衝突角度は，阻止面に対して垂直である．

(8) 重錘の回転の影響

阻止面衝突時の並進運動エネルギーのみを考慮し，重錘の回転の影響は考慮しない．

(9) 重錘衝突位置

阻止面に対する重錘衝突位置は，水平方向はスパン中央，鉛直方向は鉛直中央高さとした．

6.2.4 ワイヤロープ支持式落石防護柵

ワイヤロープ支持式落石防護柵（以下ではワイヤロープ支持式柵と称する）の実験は，実物大の供試体に重錘を衝突させることにより，落石衝突時の挙動を把握するとともに，落石の防護性能を検証する目的で実施した[8]．

(1) 実験概要

ワイヤロープ支持式柵の性能照査実験は，**写真 6.10** に示す H 形鋼で製作した骨組構造体の実験設備によって行った．重錘をラフテレーンクレーンにより阻止面から 32.0 m の高さまで吊り上げてから自由落下させるため，供試体は地面に対して水平方向に設置した．供試体の概要を図 6.8 に示す．

写真 6.10　実験設備と供試体[2]

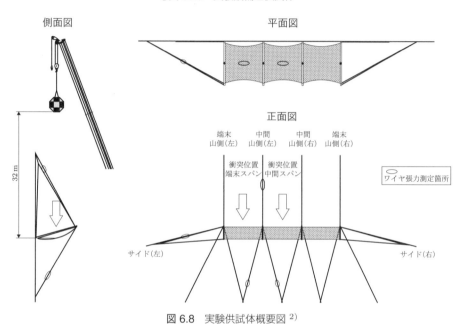

図 6.8　実験供試体概要図[2]

(2) 重錘衝突方法

重錘衝突方法は，鉛直落下式を採用した．吊り上げる高さは，阻止面から 32.0 m とした．

(3) 供試体寸法

供試体は，支柱間隔 5.0 m の構造体を 3 スパン設置し，設置延長は 15.0 m とした．また，柵高は 3.0 m とした．

(4) 重錘形状・材料

重錘形状は多面体とし，材質はコンクリートとした．重錘質量は 3200 kg で，重錘の密度は 2350 kg/m^3 である．

---

2) 提供：ゼニス羽田株式会社

(5) 衝突速度

重錘の落下開始位置と阻止面衝突位置との高低差が 32.0 m であることから，衝突速度は 25.05 m/s と算出される．

(6) 衝突エネルギー

重錘質量が 3200 kg，および重錘落下高さが 32.0 m であることから，衝突エネルギーは 1004 kJ と算出される．

(7) 阻止面と重錘入射方向のなす角度

ワイヤロープ支持式落石防護柵の鉛直落下実験は，阻止面が柔構造体でたわんでいるため，垂直に重錘を載荷させることが困難である．

ワイヤロープ支持式落石防護柵の特徴として，重錘が阻止面に接触した際に，支柱が変形せず，緩衝装置なども作動しない状況下で，阻止面のみが容易に変形する．そのため，6.2.1 項で述べたように，阻止面と重錘の入射方向がおおむね垂直であれば，重錘エネルギーを入力エネルギーとして評価し，重錘の衝突角度は，阻止面に対して垂直として問題はない．

(8) 重錘の回転の影響

阻止面衝突時の並進運動エネルギーのみを考慮し，重錘の回転の影響は考慮しない．

(9) 重錘衝突位置

阻止面に対する重錘衝突位置は，水平方向はスパン中央，鉛直方向は鉛直中央高さとした．

6.3 高エネルギー吸収型ポケット式落石防護網

6.3.1 概 要

ポケット式落石防護網は，阻止面上端に落石の入り口となる開口部（ポケット）を設けることにより斜面上方からの落石を防護する落石対策工である．

ポケット式落石防護網は，
① 従来型ポケット式落石防護網（以下では従来型と称する）
② 高エネルギー吸収型ポケット式落石防護網（以下では高エネルギー吸収型と称する）
③ その他

の 3 つに分類される．このうち ① 従来型は，便覧に示された適用範囲や仕様で設計されるポケット式落石防護網であり，構成部材や形状寸法が定型化されているものである．一方，② 高エネルギー吸収型は，緩衝機能を取り入れたり，支柱間隔を大きくとって構造全体系でエネルギーを吸収するなど，従来型の適用範囲を超える大きな落石運動エネルギーに対応可能である[2]．これらの特徴をまとめたものを，**表 6.2** に示す．

表 6.2 ポケット式落石防護網の特徴

名称	従来型	高エネルギー吸収型
照査方法	慣用設計法	実験による性能検証
特徴	・可能吸収エネルギー E_T は 150 kJ 以下とする ・阻止面がひし型金網とワイヤロープ支持部材が H 形鋼支柱，ワイヤロープおよび基礎から構成され，形状寸法も定型化している構造のもの	・従来型の適用範囲を超えるもの ・緩衝装置や緩衝機構が組み込まれているもの ・従来型よりも高強度の部材を使用 ・支柱間隔を大きくとって，構造全体系でエネルギーを吸収するもの

6.3.2 高エネルギー吸収型ポケット式落石防護網（ネットタイプ）

高エネルギー吸収型ポケット式落石防護網のネットタイプ（以下ではネットタイプと称する）は，2種類の高強度の金網，高強度ロープ，ワイヤロープ，エネルギー緩衝装置（以下では緩衝装置と称する），および阻止面上部を開口させる目的で設置された支柱などの部材で構成されており，捕捉した落石のエネルギーを吸収し減衰させ，落石を安全な場所まで誘導する機能がある[2]．

(1) 構 造

ネットタイプの構造は，硬厚金網，高強度金網，緩衝装置，支柱，高強度ロープ，およびワイヤロープにより構成されており，落石を直接受け止める阻止面は，金網が主体となる（図 6.9）．阻止面は，硬厚金網，高強度金網および高強度ロープを一体化した構造であり，衝突荷重が作用した場合，両端部の緩衝装置にすみやかに荷重を伝達し，緩衝装置とスリップロープ（専用のワイヤロープ）の摩擦力により落石運動エネルギーを吸収する機構を有する．

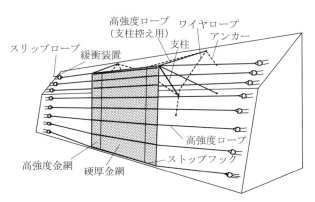

図 6.9 ネットタイプの構造

(i) 金 網

金網は，強度の高いタイプ（高強度金網）と低いタイプ（硬厚金網）を阻止面中央とその端部で2種類使用する．また，対象とする落石運動エネルギーにより，落石が接触する範囲に設置される硬厚金網の線径を，$\phi 4.0$ mm と $\phi 5.0$ mm で使い分ける．

(ii) 緩衝装置

緩衝装置は，落石発生時に一定の張力が作用すると，緩衝装置に挟み込むように取り付けられたスリップロープが荷重作用方向に引き出されることにより，落石の運動エネルギーを摩擦エネルギーに変換し吸収する機能を備えている（**図 6.10**，**写真 6.11**）．なお，スリップロープは，連結金具が取り付けられるように，ガードケーブル $\phi 14\,\mathrm{mm}$ の片端部に環状の加工を施している．緩衝装置がスリップする張力は，緩衝装置の取り付け個数により制御することが可能である．

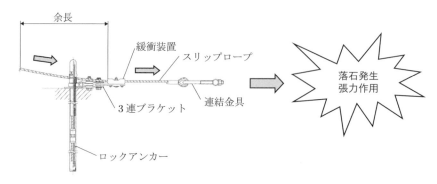

図 6.10 緩衝装置の挙動

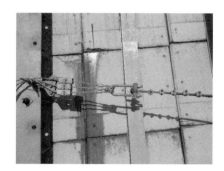

写真 6.11 緩衝装置の接続状況

(iii) 支　柱

支柱は，阻止面の死荷重を支えるために，阻止面の重量ごとに角形鋼管と円形鋼管を使い分ける．なお，設計計算上，曲げ作用に対して座屈が懸念される場合には，支柱を中間部で固定するワイヤロープを追加し対処する．

(iv) ワイヤロープ

ワイヤロープは，落石が接触する阻止面では強度を指定した高強度ロープを使用し，支柱を固定するワイヤロープなど，阻止面以外では，一般的な強度のワイヤロープを使用する．高強度ロープは，構造用ロープもしくはガードケーブルの $\phi 18\,\mathrm{mm}$ を，一般的な強度のワイヤロープは，ガードケーブルの $\phi 12\,\mathrm{mm}$ または $\phi 14\,\mathrm{mm}$ を用いる．

(v) アンカー

アンカーは，地盤条件により自穿孔式（孔壁が自立しない場合）と他穿孔式（孔壁が自立する場合）を使い分け，アンカー強度およびアンカー長の検討を行う．アンカー強度は，引張荷重とせん断荷重に対して検討し，アンカー長は，アンカーとグラウト，地盤とグラウトの付着強度より必要定着長を求めて決定する．

(2) 設計手法

ネットタイプは，落石運動エネルギーに応じた規格が選択可能であり，実験で実証された 1200 kJ までの落石運動エネルギーに対応可能である．設計に際しては，実験時の衝突位置が設計時の衝突位置と同一となるよう設定しなければならない．したがって，支柱高さは，阻止面衝突位置を考慮して決定する．なお，便覧では，衝突速度を検証するとしているが，検証実験において 25 m/s 以上の速度で衝突させれば問題はない．ただし，検証実験での衝突速度が 25 m/s 以上にできない場合は，検証実験における衝突速度が使用する工法の適用最大速度となる．設計の手順を図 6.11 に示す．

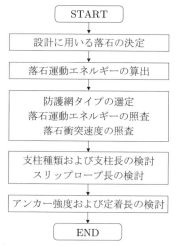

図 6.11　設計フローチャート（ネットタイプ）

(i) 落石運動エネルギーの算出

設計に用いる落石運動エネルギーは，推定式 (2.1) や落石シミュレーションなどから算出する．

(ii) 防護網タイプの選定

ネットタイプは，各エネルギーの適用範囲ごとの性能照査実験によって，落石防護性能を確認している（表 6.3）．したがって，落石運動エネルギーが各規格の適用範囲内（照査エネルギー以下）であれば対応可能となる．なお，落石衝突速度に関しては，検証実験の規定速度である 25.0 m/s を超える重錘衝突速度で実験を行っているため，適用速度の制限は受けない．ただし，落石運動エネルギーが 1200 kJ を超える場合は，ロープタイプを用いる．

表6.3 ネットタイプ選定表

適用範囲	覆い高さ (高さ方向の寸法)	支柱 [mm]	硬厚金網 [mm]	高強度金網 [mm]
$E \leqq 500\,\mathrm{kJ}$	$> 30\,\mathrm{m}$	$\square 125 \times 125,\ \mathrm{t}4.5$	$\phi 4.0,\ 48 \times 48$ または $\phi 5.0,\ 50 \times 50$	$\phi 5.0,\ 50 \times 50$
	$\leqq 30\,\mathrm{m}$	$\phi 101.6,\ \mathrm{t}4.2$		
$E \leqq 1200\,\mathrm{kJ}$	—	$\square 125 \times 125,\ \mathrm{t}4.5$	$\phi 5.0,\ 50 \times 50$	$\phi 5.0,\ 50 \times 50$

(3) 性能照査実験の結果

性能照査実験により得られた結果を表6.4, 6.5に示す. 図6.12～6.15の評価シートに示すように,実験結果を要求性能と落石防護施設の限界状態に照らし合わせて判断すると,ネットタイプの性能水準は性能2を満足することがわかる.

実験結果における重錘の衝突時エネルギーは,次式で算出する.

$$E_v = \frac{1}{2} m (V \cdot \sin\theta)^2 \tag{6.2}$$

ここに,E_v：落石の線速度エネルギー [kJ],V：重錘の衝突速度 [m/s],m：落石の質量 [t],θ：重錘入射角度 [°] である.

6.3.3 高エネルギー吸収型ポケット式落石防護網（ロープタイプ）

高エネルギー吸収型ポケット式落石防護網のロープタイプ（以下ではロープタイプと称する）は,ひし形金網,高強度ロープ,ワイヤロープ,緩衝装置および阻止面上部を開口させる目的で設置された支柱などの部材で構成されており,捕捉した落石のエネルギーを吸収し減衰させ,落石を安全な場所まで誘導する機能を有する[2].

(1) 構　造

ロープタイプの構造は,ひし形金網,緩衝装置,支柱,高強度ロープおよびワイヤロープにより構成されており,落石を直接受け止める阻止面に関してはワイヤロープが主体となる（図6.16）. 阻止面は,ひし形金網,高強度ロープを一体化した構造であり,衝突荷重が作用した場合,両端部の緩衝装置にすみやかに荷重を伝達し,緩衝装置とスリップロープ（専用のワイヤロープ）の摩擦力により落石運動エネルギーを吸収する.

(i) 金　網

金網は,一般的に使用される $\phi 5.0\,\mathrm{mm}$ を用いる.

(ii) 緩衝装置

緩衝装置は,落石発生時に一定の張力が作用すると,端末緩衝金具に挟み込むように取り付けられたスリップロープが荷重作用方向に引き出されることにより,落石の運動エネルギーを摩擦エネルギーに変換する機能を備えている（図6.17）. なお,スリップロープは,ガードケーブル $\phi 18\,\mathrm{mm}$ の片側に環状の加工を施している.

(iii) 支　柱

支柱は,阻止面の死荷重を支えるため,角形鋼管を用いる. なお,設計計算上,曲げ

6.3 高エネルギー吸収型ポケット式落石防護網

表 6.4 実験結果一覧（規格 500 kJ）[2]

	照査・計測項目		CASE-1	CASE-2	CASE-3
実験供試体	全幅		10.0 m		
	高さ		12.0 m	11.9 m	15.0 m
	支柱本数		2 本		
	緩衝装置		あり／14 箇所		
重錘	重錘質量		1.529 t		
	重錘密度		2502 kg/m^3		
実験結果	重錘の衝突速度	レーザー	25.73 m/s	26.08 m/s	26.44 m/s
		高速度カメラ	25.86 m/s	25.82 m/s	—
	阻止面への重錘入射角度		86°	86°	88°
	衝突時エネルギー		504 kJ	517 kJ	534 kJ
	阻止面の最大張り出し量		5.5 m	5.7 m	5.3 m
	高さの変化		1.74 m	1.70 m	1.26 m
	緩衝装置の作動状況（スリップ合計）		11.21 m	12.53 m	8.46 m
	重錘衝突位置		4.0 m 下り	3.9 m 下り	4.0 m 下り
損傷状況	阻止面		摩耗，変形あり	摩耗，変形あり	摩耗，変形あり
	支柱		損傷なし	損傷なし	損傷なし
	ワイヤロープ		摩耗あり	摩耗あり	摩耗あり
	基礎，アンカー		損傷なし	損傷なし	損傷なし
	緩衝装置		損傷なし	損傷なし	スリップロープ素線破断あり

※ CASE-2 は，CASE-1 を補修した供試体である．

表 6.5 実験結果一覧（規格 1200 kJ）[2]

	照査・計測項目		CASE-1	CASE-2	CASE-3
実験供試体	全幅		10.0 m		
	高さ		12.0 m	11.8 m	15.0 m
	支柱本数		2 本		
	緩衝装置		有り／28 箇所		
重錘	重錘質量		3.904 t		
	重錘密度		2716 kg/m^3		
実験結果	重錘の衝突速度	レーザー	26.37 m/s	26.37 m/s	24.82 m/s
		高速度カメラ	25.83 m/s	26.17 m/s	—
	阻止面への重錘入射角度		89°	83°	87°
	衝突時エネルギー		1357 kJ	1337 kJ	1199 kJ
	阻止面の最大張り出し量		6.18 m	6.87 m	6.65 m
	高さの変化		1.32 m	1.80 m	2.41 m
	緩衝装置の作動状況（スリップ合計）		28.43 m	38.65 m	34.06 m
	重錘衝突位置		3.8 m 下り	3.8 m 下り	3.9 m 下り
損傷状況	阻止面		変形，摩耗，損傷あり	変形，摩耗あり	変形，摩耗，損傷あり
	支柱		損傷なし	損傷なし	損傷なし
	ワイヤロープ		摩耗あり	摩耗あり	摩耗あり
	基礎，アンカー		損傷なし	損傷なし	損傷なし
	緩衝装置		損傷なし	損傷なし	損傷なし

※ CASE-2 は，CASE-1 を補修した供試体である．

落石防護工性能照査実験 評価シート（CASE-1）

実験供試体

型式（製品名）	強靭防護網（ネットタイプ）
延長	10.0 m
高さ	12.0 m
支柱本数	2 本
支柱間隔	10.0 m
緩衝装置	あり／全 14 箇所

実験条件

実験方式	レール滑走方式
重錘形状	多面体
重錘材質	コンクリート＋鉄板
重錘寸法	別紙参照
重錘質量	1.529 t
重錘密度	2502 kg/m^3

供試体形状寸法
（実験概要図，主要部材の規格，写真など）

実験供試体全景 　　ストップフック設置状況

衝突位置確認状況 　　阻止面設置角度

主要部材の規格

部材名		規格
阻止面	金網（衝突部）	$\phi4$ 48 mm × 48 mm Z-GH-4
	金網（端部）	$\phi5$ 50 mm × 50 mm GF-2
	横ワイヤロープ	$\phi18$ 7 × 19（高強度指定種），$\phi14$ 3 × 7
緩衝装置		1 連式，2 連式（最上段，最下段）
アンカー		PB タイプ／D29, SD タイプ／$\phi31.34$

図 6.12　評価シートその 1（500 kJ 性能照査実験 CASE-1）[2]

実験結果	
重錘の衝突速度	25.73 m/s
阻止面への重錘入射角度	86°
衝突時エネルギー	504 kJ
阻止面の最大張り出し量	5.5 m
高さの変化	1.74 m
緩衝装置の動作状況	良好

損傷状況	
阻止面	変形あり
支柱	損傷なし
ワイヤロープ	摩耗, 素線破断あり
アンカー	損傷なし
緩衝装置	損傷なし
その他	

(損傷写真など)

捕捉誘導後の全景

重錘衝突部

(その他記載事項)

構成部材	再使用性・修復性	性能水準
阻止面	重錘衝突部付近で変形あり. 修復により機能回復可能.	性能 2
支柱	損傷なし. 再使用可能.	性能 1
ワイヤロープ	摩耗あり. 締め直しが必要な箇所あり. 再使用可能.	性能 2
アンカー	損傷なし. 再使用可能.	性能 1
緩衝装置	スリップ量が規格値を上回ったものは交換の必要あり.	性能 2
その他		
全体	機能回復のための修復は容易である.	性能 2

性能	要求性能を満たす落石エネルギー
1	
2	504 kJ

図 6.13 評価シートその 2 (500 kJ 性能照査実験 CASE-1) [2]

落石防護工性能照査実験　評価シート（CASE-1）			
実験供試体		実験条件	
型式（製品名）	強靱防護網（ネットタイプ）	実験方式	レール滑走方式
延長	10.0 m	重錘形状	多面体
高さ	12.0 m	重錘材質	コンクリート＋鉄板
支柱本数	2 本	重錘寸法	別紙参照
支柱間隔	10.0 m	重錘質量	3.90 t
緩衝装置	あり／全 28 箇所	重錘密度	2716 kg/m^3

供試体形状寸法
（実験概要図，主要部材の規格，写真など）

実験供試体全景 　　　　　衝突位置確認状況

金網端部加工状況 　　　　緩衝装置設置状況

主要部材の規格

部材名		規格
阻止面	硬厚金網（阻止面）	ϕ5 50 mm × 50 mm, Z-GH-4
	高強度金網（両端部）	ϕ5 50 mm × 50 mm, GF-2
	高強度ロープ	ϕ18 7 × 19（高強度指定種）
緩衝装置		2 連式, 3 連式
アンカー		PB タイプ／D29, SD タイプ／ϕ31.34

図 6.14　評価シートその 1（1200 kJ 性能照査実験 CASE-1）[2]

実験結果		損傷状況	
重錘の衝突速度	26.37 m/s	阻止面	素線破断あり
阻止面への重錘入射角度	89°	支柱	損傷なし
衝突時エネルギー	1357 kJ	ワイヤロープ	磨耗あり
阻止面の最大張り出し量	6.18 m	アンカー	損傷なし
高さの変化	1.32 m	緩衝装置	損傷なし
緩衝装置の動作状況	良好	その他	

（損傷写真など）

捕捉誘導後の全景

重錘衝突部の損傷状況

（その他記載事項）

構成部材	再使用性・修復性	性能水準
阻止面	重錘衝突部付近で素線破断あり．修復により機能回復可能．	性能2
支柱	損傷なし．再使用可能．	性能1
ワイヤロープ	磨耗あり．締め直しが必要な箇所あり．再使用可能．	性能2
アンカー	損傷なし．再使用可能．	性能1
緩衝装置	スリップ量が規格値を上回ったものは交換の必要あり．	性能2
その他		
全体	機能回復のための修復は容易である．	性能2

性能	要求性能を満たす落石エネルギー
1	
2	1357 kJ

図 6.15　評価シートその 2（1200 kJ 性能照査実験 CASE-1）[2]

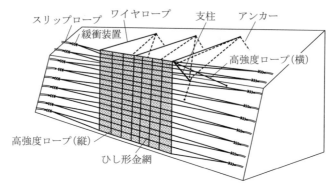

図 6.16 ロープタイプの構造

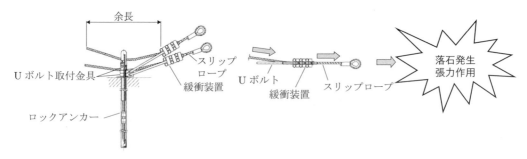

図 6.17 緩衝装置の挙動

写真 6.12 端末緩衝金具の構造 [2]

作用に対して座屈が懸念される場合には，支柱を中間部で固定するワイヤロープを追加し対処する．

(iv) ワイヤロープ

落石が接触する阻止面および構造全体を支える吊りロープには，強度を指定した高強度ロープを使用し，その他，支柱を固定するワイヤロープなどには一般的な強度のワイヤロープを使用する．高強度ロープにはガードケーブルの $\phi 18\,\mathrm{mm}$ を，一般的な強度のワイヤロープにはガードケーブルの $\phi 12\,\mathrm{mm}$ を用いる．

(v) アンカー

アンカーは，地盤条件により自穿孔式（孔壁が自立しない場合）と他穿孔式（孔壁が自立する場合）を使い分け，アンカー強度およびアンカー長の検討を行う．アンカー強度は，引張荷重とせん断荷重に対して検討し，アンカー長は，アンカーとグラウト，地盤とグラウトの付着強度より必要定着長を決定する．

(2) 設計手法

ロープタイプは，実験で実証された2800 kJまでの落石運動エネルギーに対応可能である．設計に際しては，実験時の衝突位置が設計時の衝突位置と同一になるよう設定しなければならない．したがって，支柱高さについては，阻止面衝突位置を考慮し決定する．なお，便覧では，落石衝突速度について検証を必要としているが，実験において25 m/s以上の速度で衝突させれば問題はない．ただし，25 m/s以上にできない場合は，検証実験における衝突速度が使用する工法の適用最大速度となる．設計の手順を図6.18に示す．

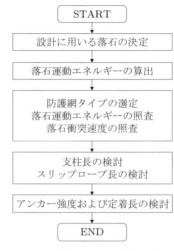

図 6.18　設計フローチャート

(i) 落石運動エネルギーの算出

設計に用いる落石運動エネルギーは，推定式や落石シミュレーションなどから設定する．

(ii) 落石運動エネルギーに対する照査

ロープタイプは，落石運動エネルギー2800 kJで性能照査実験を行い，落石防護性能を有していることを確認している．したがって，落石運動エネルギーが適用範囲内（照査エネルギー以下）であれば対応可能である（表6.6）．なお，落石衝突速度に関しては，検証実験の規定速度である25.0 m/sを超える重錘衝突速度で実験を行っているため，適用速度の制限は受けない．ただし，落石運動エネルギーが1200 kJ以下の場合はネットタイプを用いる．

表 6.6　ロープタイプ仕様

適用範囲	支柱 [mm]	ひし形金網 [mm]
$E \leq 2800$ kJ	□175 × 175, t4.5	ϕ5.0, 50 × 50

(3) 性能照査実験の結果

性能照査実験により得られた結果を表6.7に示す．実験結果を要求性能と落石防護施設の限界状態に照らし合わせて判断すると，図6.19と図6.20の評価シートに示すようにロープタイプの性能水準は性能2を満足することがわかる．

表 6.7 実験結果一覧

	照査・計測項目		CASE-1	CASE-2	CASE-3	CASE-4
実験供試体	延長（支柱間隔）		10.0 m			
	高さ		15.2 m	15.1 m	15.0 m	14.7 m
	支柱本数		colspan 2 本			
	緩衝装置		あり／62 箇所	あり／31 箇所	あり／62 箇所	あり／62 箇所
重錘	重錘質量		8350 kg			
	重錘密度		2696 kg/m^3			
実験結果	重錘の衝突速度	レーザー	—	26.15 m/s	26.15 m/s	25.99 m/s
		高速度カメラ	—	26.5±0.05 m/s	26.05±0.1 m/s	26.0±0.1 m/s
	阻止面への重錘入射角度		81°	81°	81°	81°
	衝突時エネルギー			2785 kJ	2785 kJ	2751 kJ
	阻止面の最大張り出し量		5.8 m	5.5 m	6.1 m	6.1 m
	高さの変化		1.24 m	1.97 m	1.00 m	1.77 m
	緩衝装置の作動状況（スリップ合計）		64.97 m	43.80 m	50.84 m	63.23 m
	重錘衝突位置		6.5 m 下り	6.6 m 下り	6.7 m 下り	6.4 m 下り
損傷状況	阻止面		破断, 摩耗あり	破断, 摩耗あり	破断, 摩耗あり	破断, 摩耗あり
	支柱		損傷なし	損傷なし	損傷なし	損傷なし
	ワイヤロープ		破断, 摩耗あり	破断, 摩耗あり	破断, 摩耗あり	摩耗あり
	基礎, アンカー		損傷なし	損傷なし	損傷なし	損傷なし
	緩衝装置		損傷なし	損傷なし	損傷なし	損傷なし

※ CASE-4 は，CASE-3 を補修した供試体である．

落石防護工性能照査実験 評価シート（CASE-3）

実験供試体

型式（製品名）	強靱防護網（ロープタイプ）
延長	10.0 m
高さ	15.0 m
支柱本数	2 本
支柱間隔	10.0 m
緩衝装置	あり／全 62 箇所

実験条件

実験方式	レール滑走方式
重錘形状	多面体
重錘材質	コンクリート＋鉄板
重錘寸法	別紙参照
重錘質量	8.35 t
重錘密度	2696 kg/m^3

供試体形状寸法
（実験概要図，主要部材の規格，写真など）

実験供試体全景

衝突位置確認状況

重錘速度計測用レーザー

阻止面近景

主要部材の規格

部材名		規格
阻止面	金網	ϕ5 50 mm × 50 mm, Z-GS4
	縦ワイヤロープ	ϕ18 3 × 7, 2 本／箇所, 高強度指定種
	横ワイヤロープ	ϕ18 3 × 7
緩衝装置		端末緩衝金具
アンカー		PB タイプ／D29, SD タイプ／ϕ31.34

図 6.19 評価シートその 1（2800 kJ 性能照査実験 CASE-3）[2]

実験結果		損傷状況	
重錘の衝突速度	26.15 m/s	阻止面	素線破断あり
阻止面への重錘入射角度	81°	支柱	損傷なし
衝突時エネルギー	2785 kJ	ワイヤロープ	破断,磨耗あり
阻止面の最大張り出し量	6.1 m	基礎・アンカー	損傷なし
高さの変化	1.0 m	緩衝装置	損傷なし
緩衝装置の動作状況	良好	その他	

(損傷写真など)

捕捉誘導後の全景

重錘衝突部の損傷状況

(その他記載事項)

構成部材	再使用性・修復性	性能水準
阻止面	重錘衝突部付近で素線破断あり,修復により機能回復可能.	性能2
支柱	損傷なし,再使用可能.	性能1
ワイヤロープ	重錘衝突部付近で破断あり,修復により機能回復可能.	性能2
基礎・アンカー	損傷なし,再使用可能.	性能1
緩衝装置	スリップ量が規格値を上回ったものは交換の必要あり.	性能2
その他		
全体	機能回復のための修復は容易である.	性能2

性能	要求性能を満たす落石エネルギー
1	
2	2785 kJ

図 6.20 評価シートその2 (2800 kJ 性能照査実験 CASE-3) [2]

6.4 高エネルギー吸収型落石防護柵

6.4.1 支柱自立式落石防護柵

(1) 概　要

支柱自立式落石防護柵（支柱自立式柵）は，鋼管内部に鉄筋を配置したコンクリート充填鋼管支柱や，支柱間に一定の間隔で張られたワイヤロープ，ワイヤロープに組み込まれた緩衝装置，ワイヤロープの前面に張られた金網から構成される．落石運動エネルギーを，金網の形状変形や，ワイヤロープに摩擦を伴ったスリップを起こすことでエネルギーを吸収する緩衝装置，支柱の塑性変形などにより吸収するメカニズムをもつ点が特徴である[7]．

(2) 構　造

支柱自立式柵は，既存の落石防護柵の支柱やワイヤロープの弱点を補うために開発された防護柵である．支柱には内部に鉄筋を配置したコンクリート充填鋼管支柱を使用しており，大きな耐力と変形性能を有し，H形鋼にみられるような局部座屈を起こしにくく，支柱の曲げ変形によるエネルギー吸収性能が高い．ワイヤロープは隣接する支柱に環状に巻き付け，重合箇所は緩衝装置を用いて固定する．緩衝装置は，ワイヤロープに作用した張力が所定の値に達するとスリップを開始し，摩擦を伴ったすべりによってエネルギー吸収量を増加させている．この機構によって，ロープ張力を制御してワイヤロープの切断や緩衝装置の破壊を防止する．構造の概要を図 6.21 に示す．

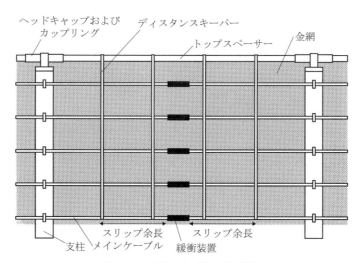

図 6.21　支柱自立式柵の構造概要

(i) 支　柱

支柱は，鋼管内に鉄筋を円形に配置し，コンクリートを充填して固化させたコンクリート充填鋼管支柱である．このように製作した支柱は，鋼管の耐力低下の原因となる局部座屈を防ぐとともに，鋼管による拘束力がコンクリートに三軸応力状態を形成させ，ま

た引張側鉄筋の効果から，全体の耐力および靭性の上昇が図られる．支柱の外観を**写真 6.13**，構造断面を**図 6.22** に示す．

写真 6.13 支柱の外観 3)

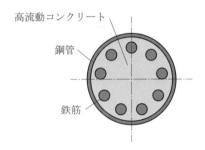
図 6.22 支柱の構造断面

(ii) 緩衝装置

緩衝装置は，隣接する 2 本の支柱に巻き付けたワイヤロープ両端の重合部を折り返した鋼板と，狭持した鋼板との間に生じる二つの空間にワイヤロープを挿通して，ボルトとナットによって締め付ける．落石衝突時には，増大したワイヤロープ張力が所定のスリップ張力に至った時点でスリップを開始し，ワイヤロープと鋼板表面との間に生じる摩擦力によりエネルギーを吸収する機能を備えている．緩衝装置を構成する鋼材には特殊鋼を用いているため，クリープの影響を受けにくく，安定したスリップ張力を維持することができる．緩衝装置の外観を**写真 6.14**，構造断面を**図 6.23** に示す．

写真 6.14 緩衝装置の外観 3)

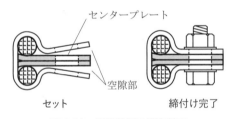
図 6.23 緩衝装置の構造断面

(iii) ワイヤロープ

ワイヤロープは，前述の緩衝装置と組み合わせて支柱間に多段配置する．防護柵の阻止面を構成する部材であり，強度と施工性の観点から構造用ストランドロープを用いる．また，ワイヤロープの余長両端部にはストッパー処理を施す．

(iv) ディスタンスキーパー

ディスタンスキーパーは，ワイヤロープの間隔を保持し，落石の突き抜けの防止と分散効果を高めるためのものであり，各段のワイヤロープに U ボルトを用いて取り付ける．

(v) トップスペーサー

トップスペーサーは，施工時に起こるワイヤロープのたるみを防ぐとともに，落石衝

---

3) 提供：ゼニス羽田株式会社

突時の支柱頭部の変位を抑制する．

(3) エネルギー吸収機構

支柱自立式柵のエネルギーの吸収機構を**図 6.24**に示す．

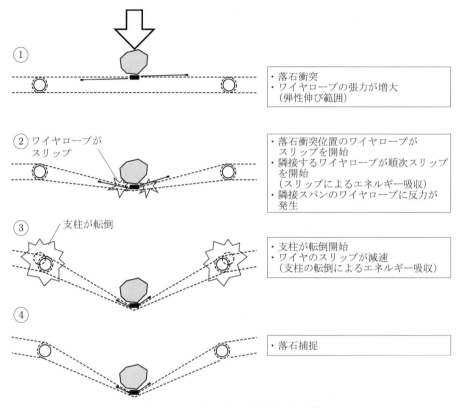

図 6.24 エネルギー吸収機構の概念[3]

(4) 設計手法

支柱自立式柵は，表 6.9 に示すように落石運動エネルギーに応じたタイプ選定が可能で，性能照査実験で実証された 1000 kJ までの落石運動エネルギーに対応可能である．柵高については，落石が柵を飛び越えないように決定する．設計フローチャートを**図 6.25**に示す．

(5) 実験結果

6.2.3 項に記述した性能照査実験（重錘エネルギー 503 kJ）より，実験後の重錘の捕捉状況や試験体の状況を**写真 6.15**と**写真 6.16**に示す．また，実験後の供試体の張り出し量，阻止面の高さおよび緩衝装置のすべり量などを**表 6.8**に示す．

実験における性能判定は，各構成部材の挙動，変形，破壊状況などを評価することにより行う．

① 阻止面は 2.3 m 程度の張り出し量となる．阻止面を構成する金網やワイヤロープは損傷の度合いによって取り換える必要がある．

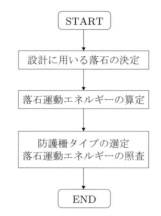

図 6.25 支柱自立式柵の設計フローチャート

写真 6.15 実験後の状況(中間スパン)[4]

写真 6.16 実験後の状況(端末スパン)[4]

表 6.8 実験後の供試体データ[4]

衝突スパン	阻止面の最大張り出し量	阻止面の高さ変化	緩衝装置の総すべり量(10箇所)	支柱の転倒角度			
				No. 1	No. 2	No. 3	No. 4
中間スパン	2.30 m	3.00 m → 1.85 m	7.43 m	4.7°	10.3°	11.4°	5.6°
端末スパン	2.34 m	3.00 m → 2.00 m	6.57 m	28.0°	8.2°	0.3°	0.2°

② 緩衝装置は,許容すべり量以下であることを確認する.ただし,摩耗の状況で取り換える必要がある.

③ 転倒角度の大きい支柱は取り換える必要がある.(エネルギー吸収を考慮する場合)

④ 各部材とも,変形や損傷が小さければ再利用が可能である.

以上より,阻止面・支柱・ワイヤロープ・緩衝装置について修復を容易に行える状態と判断できれば,性能2を満足するとみなせる.

(6) 防護柵タイプの設定

6.2.3 項に記述した実験(重錘エネルギー 503 kJ)以外の各タイプの構造体において性能検証実験を行い,落石防護性能を有することを確認している.表 6.9 に示すように,

---

4) 提供:ゼニス羽田株式会社

表 6.9 支柱自立式柵・タイプ一覧表

適用範囲	タイプ	支柱 [mm]	緩衝装置	金網 [mm]
$E \leq 150\,\mathrm{kJ}$	150 kJ	$\phi 114.3$	$\phi 12\,\mathrm{mm}$ 用	$\phi 4.0,\ 50 \times 50$
$E \leq 250\,\mathrm{kJ}$	250 kJ	$\phi 216.3$	$\phi 12\,\mathrm{mm}$ 用	$\phi 4.0,\ 50 \times 50$
$E \leq 500\,\mathrm{kJ}$	500 kJ	$\phi 216.3$	$\phi 16\,\mathrm{mm}$ 用	$\phi 4.0,\ 52 \times 52$
$E \leq 1000\,\mathrm{kJ}$	1000 kJ	$\phi 267.4$	$\phi 16\,\mathrm{mm}$ 用	$\phi 4.0,\ 52 \times 52$

落石運動エネルギーが各タイプの適用範囲内であれば，性能 2 として設定できる．

6.4.2 ワイヤロープ支持式落石防護柵

(1) 概　要

ワイヤロープ支持式落石防護柵（ワイヤロープ支持式柵）は，支柱頭部を山側および谷側に設けたアンカーとワイヤロープで固定し，落石荷重を山側および谷側地盤の抵抗で支えるものである．阻止面には，変形性能に優れたリング状ネットが用いられ，ワイヤロープにはブレーキシステムが取り付けられている．落石の衝撃エネルギーを阻止面の大変形やブレーキシステムの作用により吸収するものである[8]．

(2) 構　造

ワイヤロープ支持式柵は，高強度の硬鋼線を直径 350 mm のリング状によりあわせたもの（以下では ASM リングと称する）を絡み合わせてネット（以下では ASM ネットと称する）を形成し，それを支柱で支えた防護柵である．ASM ネットは，ASM リングをルーズに絡み合わせているため，落石の衝突時にはしなやかに応答し，落石を包み込むように捕捉する．また，ASM リングに発生する張力は，局部的にならずに ASM ネット全体に分散して伝達することから，大規模な落石運動エネルギーに対応可能である．

さらに，山側と防護柵両サイドのアンカーには，ワイヤロープのスリップ抵抗を利用したブレーキシステムを取り付ける．ワイヤロープに作用した張力がブレーキシステムのスリップ張力に達すると，一定の張力を維持したままブレーキ内をワイヤロープがスリップする．ブレーキシステムには，落石運動エネルギーを吸収しながら，アンカーに作用する荷重をコントロールし，アンカーを防護する効果がある．構造の概要を図 6.26 に示す．

(i) 支　柱

角型鋼管を用いた支柱は，ASM ネットを吊り下げる役割があり，上下にワイヤロープ挿通孔がある．ASM ネットを吊り下げて固定するために山側アンカーに連結された上下展開ロープが，この孔を通る．ASM ネットの変形によりネット展開ロープがすべる際には，圧縮部材としてのみ作用し，曲げ応力の発生が小さい構造としている．支柱の外観を写真 6.17 に示す．

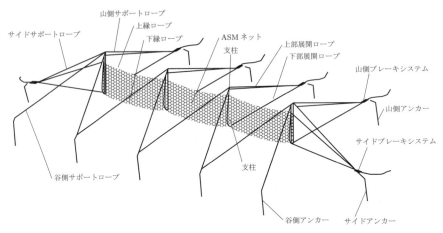

図 6.26 ワイヤロープ支持式柵の構造概要[5]

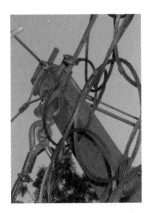

写真 6.17 支柱の外観[5]

(ii) ASM ネット

ASM ネットは，直径 $\phi350\,\mathrm{mm}$ のワイヤリングを 1 リングの外周に 6 リング連結して編成している．ワイヤリング単体は，$\phi4.0\,\mathrm{mm}$ の特殊硬鋼線を，ワイヤ断面が素線の最密配置である正六角形となるようによりあわせることにより製作されている．さらに，一対の特殊硬鋼線端部は表面に出ないようにより込むことにより，1 本のエンドレスワイヤとしての機能を有する．ネット編成の概略を図 6.27，ワイヤ断面を図 6.28 に示す．

(iii) 上下縁ロープ

上下縁ロープは，ASM ネットの上下縁に挿通し，ネットを支えるとともに，上下展開ロープと連結し，ASM ネットで受けた落石の衝撃力を山側アンカーに取り付けられているブレーキシステムへ伝達する．

(iv) 上下展開ロープ

上下展開ロープは，山側アンカーにブレーキシステムを介して連結され，他端は支柱挿通孔を通過して上下縁ロープにシャックルを介して連結され，ASM ネットの衝撃力

---

5) 提供：ゼニス羽田株式会社

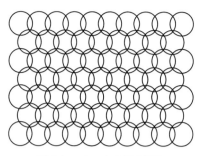

図 6.27 ネットの編成状況

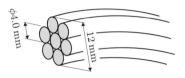

図 6.28 ワイヤの断面

をブレーキシステムに伝達する．

(v) サポートロープ

サポートロープは，支柱を支持するワイヤロープであり，支柱頭部とアンカーとを連結する．ネット展開ロープと支柱挿通孔とのすべり摩擦抵抗力に対して支柱を保持する役割をもつ．サポートロープは，山側・谷側・サイドに設置する．

(vi) ブレーキシステム

ブレーキシステムは，ネット展開ロープの張力を減じてアンカーに伝達させるために設置する．鋼板と特殊網による押圧力によりロープを把持し，すべり抵抗によりエネルギーを吸収するとともに，衝撃荷重によるロープの破断やアンカーの崩壊を防止する．各タイプごとにスリップする張力が設定されており，ネット展開ロープにはスリップ張力以上の荷重は発生しない．

(vii) アンカー

山側，谷側およびサイドに設置するアンカーは，支柱を固定しネット展開ロープの張力をブレーキシステムを介して地盤に伝達する．落石衝突時には，アンカーの地上突出部においてさまざまな方向の荷重が作用するため，屈曲性に富んだワイヤロープを材料としたワイヤロープアンカーを標準仕様としている．アンカーの外観を**写真 6.18** に示す．

写真 6.18 アンカーの外観（定着部および地上突出部）[5]

(3) エネルギー吸収機構

ワイヤロープ支持式柵のエネルギーの吸収機構を図 6.29 に示す．

(4) 設計手法

ワイヤロープ支持式柵は，実験で実証された 3000 kJ までの落石運動エネルギーに対応可能で，落石運動エネルギーに応じたタイプ選定が可能である．柵高については，落

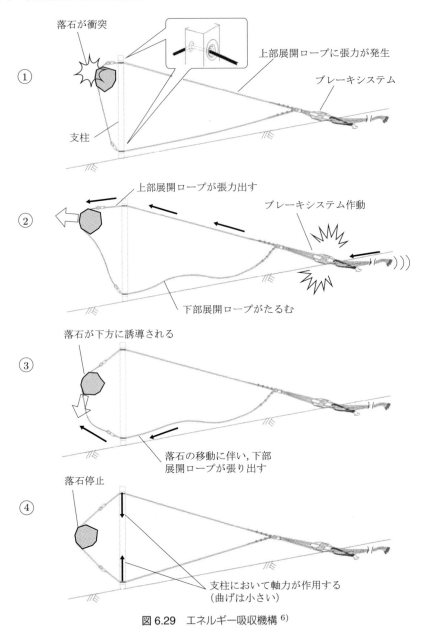

図 6.29 エネルギー吸収機構 [6]

石が柵を飛び越えないように決定する．設計フローチャートを図 6.30 に示す．

(5) 実験結果

6.2.4 項に記述した性能照査実験（重錘エネルギー 1004 kJ）実験後の重錘の捕捉状況や試験体の状況を**写真 6.19** と**写真 6.20** に示す．また，実験後の供試体の張り出し量，阻止面の高さおよび緩衝装置のすべり量などを**表 6.10** に示す．

実験におけるワイヤロープ支持式柵の性能は，各構成部材の挙動，変形，破壊状況な

---

6) 提供：ゼニス羽田株式会社

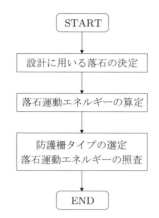

図 6.30 ワイヤロープ支持式柵の設計フローチャート

写真 6.19 実験後の状況（中間スパン）[6)]

写真 6.20 実験後の状況（端末スパン）[6)]

表 6.10 実験後の供試体データ [6)]

衝突スパン	阻止面の最大張り出し量	阻止面の高さ変化	緩衝装置個々のすべり量					
			サイド（左）	端末（左）	中間（左）	中間（右）	端末（右）	サイド（右）
中間スパン	5.00 m	3.07 m → 1.90 m	0.24 m	0.61 m	1.95 m	3.03 m	1.91 m	1.28 m
端末スパン	5.80 m	3.10 m → 1.40 m	1.30 m	2.97 m	2.31 m	0.46 m	0.03 m	0.29 m

などを評価することにより判定する.

① 阻止面は 5 m 程度の張り出し量となり，阻止面を構成する ASM リングやワイヤロープは損傷の度合いによって取り換える必要がある.

② 緩衝装置は，許容すべり量以下となっていることを確認する．ただし，摩耗の状況で取り換える必要がある.

③ 各部材とも変形や損傷が小さければ再利用が可能である.

以上より，阻止面・ワイヤロープ・緩衝装置について修復を容易に行える状態と判断できれば，性能 2 を満足するとみなせる.

(6) 防護柵タイプの設定

6.2.4項に記述した性能照査実験（重錘エネルギー1004 kJ）以外でも，各タイプの構造体にて性能検証実験を行い，落石防護性能を有していることを確認している．表6.11に示すように，落石運動エネルギーが各タイプの適用範囲内であれば，性能2として設定できる．

表 6.11　ワイヤロープ支持式柵・タイプ一覧表

適用範囲	タイプ	ASMネット	支柱 [mm]	ブレーキシステム
$E \leq 1000$ kJ	1000 kJ	$\phi 350$ mm, 6連リング	□175 × 175	1000 kJ用
$E \leq 2000$ kJ	2000 kJ	$\phi 350$ mm, 6連リング	□175 × 175	2000 kJ用
$E \leq 3000$ kJ	3000 kJ	$\phi 350$ mm, 6連リング	□175 × 175	3000 kJ用

6.5 落石緩衝杭

落石の規模が大きい場合や，対象とする岩塊が多数の場合では，予防工ではなく防護工によって計画せざるをえないケースがみられる．山麓の防護工で耐力が不足する場合には，山腹斜面に緩衝施設を設置して，落石を衝突させることによって緩衝（減勢）することができれば，末端の防護工の有効利用が可能となる（図 6.31）．また，大規模な落石は，山腹で抑止し，小規模な落石は，通過しても山麓の防護工で抑止できるように計画することも可能である．このような方法は，既設の防護工の耐力が不足する場合に用いられることが多い．

図 6.32 に示すように，便覧にも類似した抑止杭が紹介されている[1]．記載内容は，以下のとおりである．

「規模の大きな落石が予想される斜面の途中または道路際に抑止くいを設置し，落石を阻止する方法もある．一般に抑止くいは地表面より 3～5 m 突出させ，古タイヤ

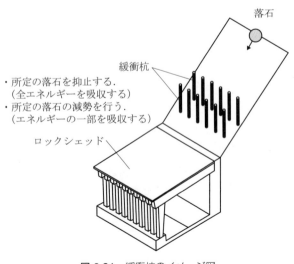

図 6.31　緩衝杭のイメージ図

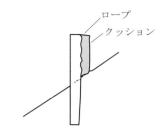

図 6.32 便覧に記載されている抑止杭 [7]

や砂詰めコルゲートなどのクッション材により保護する．高エネルギー吸収タイプを適応する場合は，そのエネルギー吸収能力を十分に発揮できるようにするために，適切な維持・管理が重要である．」

しかし，構造や材料・材質などが具体的な記載がなく，現実性に乏しい．そこで，近年開発された新材料である溶接構造用遠心力鋳鋼管[3] を利用して，杭として斜面に柱を立脚させる緩衝施設の紹介を行う．

溶接構造用遠心力鋳鋼管は，これまで地すべり抑止杭として広く用いられてきたが，重錘による衝撃曲げ実験および静的曲げ実験が行われ，優れた変形性能およびエネルギー吸収性能が確認されている．

エネルギー吸収性能は，実験結果から径厚比に着目して，線形補間により，**表 6.12**～**6.17** に示すように算定されている．算定した条件は，片持梁形式とし，終局変位角は 30° とする．なお，安全率と部材変位角および「変形拘束あり・なし」の適応条件と具体例を**表 6.18** と**表 6.19** に示す．

表 6.12 溶接構造用遠心力鋳鋼管緩衝杭の性能（外径 φ150 mm）

肉厚 [mm]	径厚比	変形拘束なし		変形拘束あり	
		設計降伏モーメント [kN·m]	吸収エネルギー [kJ]	設計降伏モーメント [kN·m]	吸収エネルギー [kJ]
9	16.7	48.0	17.0	50.8	32.3
10	15.0	52.6	22.2	55.7	37.0
11	13.6	57.0	27.2	60.4	41.5
12	12.5	61.3	32.1	65.0	45.9
13	11.5	65.5	36.8	69.4	50.2
14	10.7	69.6	41.4	73.7	54.4
15	10.0	73.5	45.8	77.8	58.4
16	9.4	77.3	50.1	81.8	62.3
17	8.8	81.0	54.3	85.7	66.1

---

7) 日本道路協会：落石対策便覧，2017．

表6.13 溶接構造用遠心力鋳鋼管緩衝杭の性能（外径 φ200 mm）

肉厚 [mm]	径厚比	変形拘束なし		変形拘束あり	
		設計降伏モーメント [kN·m]	吸収エネルギー [kJ]	設計降伏モーメント [kN·m]	吸収エネルギー [kJ]
12	16.7	113.7	40.3	120.4	76.5
13	15.4	121.9	49.5	129.1	84.8
14	14.3	129.9	58.5	137.6	93.0
15	13.3	137.8	67.3	145.9	101.1
16	12.5	145.4	76.0	154.0	108.9
17	11.8	152.9	84.4	161.9	116.5
18	11.1	160.2	92.7	169.6	124.0
19	10.5	167.3	100.7	177.1	131.3
20	10.0	174.2	108.6	184.5	138.5
21	9.5	181.0	116.3	191.6	145.4
22	9.1	187.6	123.9	198.6	152.2
23	8.7	194.0	131.2	205.4	158.8

表6.14 溶接構造用遠心力鋳鋼管緩衝杭の性能（外径 φ300 mm）

肉厚 [mm]	径厚比	変形拘束なし		変形拘束あり	
		設計降伏モーメント [kN·m]	吸収エネルギー [kJ]	設計降伏モーメント [kN·m]	吸収エネルギー [kJ]
18	16.7	383.8	135.9	406.4	258.1
19	15.8	402.3	156.7	426.0	277.0
20	15.0	420.5	177.2	445.3	295.6
21	14.3	438.5	197.5	464.3	314.0
22	13.6	456.2	217.4	483.0	332.1
23	13.0	473.6	237.1	501.5	349.9
24	12.5	490.7	256.4	519.6	367.5
25	12.0	507.6	275.5	537.5	384.8
26	11.5	524.2	294.3	555.0	401.8
27	11.1	540.5	312.8	572.3	418.6
28	10.7	556.6	331.0	589.4	435.1
29	10.3	572.4	349.0	606.1	451.3
30	10.0	588.0	366.6	622.6	467.3
31	9.7	603.3	384.0	638.8	483.0
32	9.4	618.3	401.2	654.7	498.5
33	9.1	633.1	418.0	670.3	513.7
34	8.8	647.6	434.6	685.7	528.7

表 6.15 溶接構造用遠心力鋳鋼管緩衝杭の性能（外径 φ400 mm）

肉厚 [mm]	径厚比	変形拘束なし		変形拘束あり	
		設計降伏モー メント [kN·m]	吸収エネルギー [kJ]	設計降伏モー メント [kN·m]	吸収エネルギー [kJ]
24	16.7	909.7	322.1	963.2	611.7
25	16.0	942.7	359.2	998.2	645.4
26	15.4	975.3	395.9	1032.7	678.8
27	14.8	1007.6	432.2	1066.8	711.7
28	14.3	1039.4	468.1	1100.6	744.3
29	13.8	1070.9	503.6	1133.9	776.6
30	13.3	1102.1	538.7	1166.9	808.4
31	12.9	1132.8	573.4	1199.5	840.0
32	12.5	1163.2	607.8	1231.7	871.1
33	12.1	1193.3	641.8	1263.5	901.9
34	11.8	1223.0	675.4	1294.9	932.3
35	11.4	1252.3	708.6	1326.0	962.4
36	11.1	1281.3	741.4	1356.7	992.1
37	10.8	1309.9	773.9	1387.0	1021.5
38	10.5	1338.2	806.0	1416.9	1050.6
39	10.3	1366.1	837.7	1446.5	1079.3
40	10.0	1393.7	869.0	1475.7	1107.6
41	9.8	1421.0	900.0	1504.6	1135.6
42	9.5	1447.9	930.7	1533.1	1163.3
43	9.3	1474.4	960.9	1561.2	1190.6
44	9.1	1500.7	990.9	1589.0	1217.6
45	8.9	1526.6	1020.4	1616.4	1244.3
46	8.7	1552.1	1049.6	1643.4	1270.6

表 6.16　溶接構造用遠心力鋳鋼管緩衝杭の性能（外径 φ500 mm）

肉厚 [mm]	径厚比	変形拘束なし		変形拘束あり	
		設計降伏モーメント [kN·m]	吸収エネルギー [kJ]	設計降伏モーメント [kN·m]	吸収エネルギー [kJ]
30	16.7	1776.8	629.2	1881.3	1194.8
31	16.1	1828.4	687.2	1935.9	1247.5
32	15.6	1879.5	744.7	1990.1	1299.8
33	15.2	1930.2	801.7	2043.7	1351.6
34	14.7	1980.4	858.2	2096.9	1402.9
35	14.3	2030.1	914.2	2149.5	1453.8
36	13.9	2079.4	969.8	2201.7	1504.2
37	13.5	2128.2	1024.8	2253.4	1554.2
38	13.2	2176.6	1079.4	2304.6	1603.7
39	12.8	2224.5	1133.5	2355.3	1652.8
40	12.5	2271.9	1187.1	2405.6	1701.4
41	12.2	2319.0	1240.2	2455.4	1749.5
42	11.9	2365.5	1292.9	2504.7	1797.3
43	11.6	2411.6	1345.1	2553.5	1844.5
44	11.4	2457.3	1396.8	2601.8	1891.4
45	11.1	2502.5	1448.0	2649.7	1937.8
46	10.9	2547.3	1498.8	2697.2	1983.7
47	10.6	2591.7	1549.1	2744.1	2029.3
48	10.4	2635.6	1599.0	2790.6	2074.4
49	10.2	2679.1	1648.4	2836.7	2119.0
50	10.0	2722.1	1697.3	2882.3	2163.3
51	9.8	2764.8	1745.8	2927.4	2207.1
52	9.6	2807.0	1793.9	2972.1	2250.5
53	9.4	2848.7	1841.5	3016.3	2293.5
54	9.3	2890.1	1888.6	3060.1	2336.0
55	9.1	2931.0	1935.3	3103.4	2378.2
56	8.9	2971.5	1981.5	3146.3	2419.9
57	8.8	3011.6	2027.3	3188.8	2461.2
58	8.6	3051.3	2072.7	3230.8	2502.1

表 6.17 溶接構造用遠心力鋳鋼管緩衝杭の性能（外径 φ600 mm）

肉厚 [mm]	径厚比	変形拘束なし		変形拘束あり	
		設計降伏モー メント [kN·m]	吸収エネルギー [kJ]	設計降伏モー メント [kN·m]	吸収エネルギー [kJ]
36	16.7	3070.3	1087.2	3250.9	2064.6
37	16.2	3144.7	1170.8	3329.6	2140.6
38	15.8	3218.5	1253.8	3407.8	2216.0
39	15.4	3291.7	1336.2	3485.3	2290.9
40	15.0	3364.4	1418.0	3562.3	2365.2
41	14.6	3436.5	1499.2	3638.6	2438.9
42	14.3	3508.1	1579.8	3714.4	2512.1
43	14.0	3579.1	1659.8	3789.6	2584.8
44	13.6	3649.5	1739.3	3864.2	2656.9
45	13.3	3719.4	1818.2	3938.2	2728.5
46	13.0	3788.8	1896.4	4011.7	2799.5
47	12.8	3857.6	1974.2	4084.6	2870.0
48	12.5	3925.9	2051.3	4156.9	2940.0
49	12.2	3993.7	2127.9	4228.6	3009.4
50	12.0	4060.9	2203.9	4299.8	3078.3
51	11.8	4127.5	2279.3	4370.3	3146.6
52	11.5	4193.7	2354.2	4440.4	3214.4
53	11.3	4259.3	2428.5	4509.8	3281.7
54	11.1	4324.4	2502.2	4578.7	3348.5
55	10.9	4388.9	2575.4	4647.1	3414.7
56	10.7	4452.9	2648.0	4714.9	3480.4
57	10.5	4516.4	2720.1	4782.1	3545.6
58	10.3	4579.4	2791.6	4848.8	3610.3
59	10.2	4641.9	2862.6	4914.9	3674.5
60	10.0	4703.8	2933.0	4980.5	3738.2
61	9.8	4765.3	3002.9	5045.6	3801.2
62	9.7	4826.2	3072.2	5110.1	3863.9
63	9.5	4886.6	3141.0	5174.0	3926.1
64	9.4	4946.5	3209.3	5237.5	3987.7
65	9.2	5005.9	3277.0	5300.4	4048.8
67	9.0	5123.2	3410.8	5424.6	4169.6
69	8.7	5238.5	3542.5	5546.6	4288.4

表 6.18　安全率と部材変位角

安全率	部材変位角	
	変形拘束なしの場合	変形拘束ありの場合
1.0	30°	30°
1.5	15〜19°	19〜20°
2.0	10〜15°	14〜16°

表 6.19　表記語句「変形拘束あり・なし」の適応条件と具体例

	適応条件	具体例
変形拘束なし	最大曲げモーメント発生位置で鋼管が扁平化するのを拘束する条件が弱い場合	・落石緩衝杭で土中に根入れするような場合
変形拘束あり	最大曲げモーメント発生位置で鋼管が扁平化するのを拘束する条件が強い場合	・落石防護柵の支柱のようにコンクリート基礎に根入れする場合 ・落石緩衝杭で岩盤に根入れする場合

　落石緩衝杭の設計では，落石緩衝杭の下部に設置されている既設の防護工によって，最終的に落石から道路を防護するため，最大級の落石に対して，確実に緩衝杭に落石が衝突する配置や間隔を設定することが重要である．衝突に際して，大変形や転倒が発生すれば取り換えが必要となるが，変形が小さければ再利用が可能である．このような判断で，最大級の落石に対して損傷の修復が容易と判断できれば，性能 2 とみなせる．

　福井県内と愛媛県内の落石緩衝杭の施工事例を**写真 6.21** と**写真 6.22** に示す．

写真 6.21　落石緩衝杭の施工事例（福井県内）

写真 6.22　落石緩衝杭の施工事例（愛媛県内）

6.6　緩衝機能をもつ落石防護擁壁

　落石防護擁壁は，落石の規模が大きくなるにつれて，従来の方法では防護が困難となる場合がみられる．ロックシェッドでは，落石の衝突面に緩衝材として主に敷砂が用いられてきた．そこで本節では，ロックシェッドと同じように，緩衝材を衝突面に設けることによって緩衝機能をもたせた形式について，設計方法を提案し，設計・施工例も示す．また，球体以外の落石の形状も考慮する[4]．

6.6.1 設計の現状

落石防護擁壁は，通常，重力式コンクリート擁壁として作られる．その基本的な考え方は，落石のもつ運動エネルギーを支持地盤の変形エネルギーに変えて吸収することにより，落石を停止させるというものである．

便覧に慣用設計法として記載されている，落石防護擁壁の安定に関する検討手順を図 6.33 に示す．便覧では，設計計算用の力学モデルと外力を次のように仮定している[1]．

① 図 6.34 のように，擁壁を弾性地盤（せん断ばねおよび回転ばね）によって支持された剛体と仮定し，落石の衝突により擁壁に伝達された運動エネルギーが地盤の

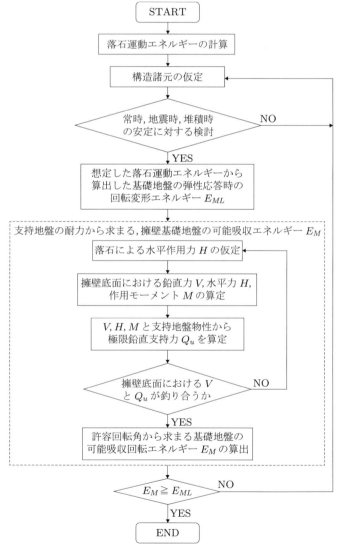

図 6.33 落石防護擁壁設計計算フローチャート[8]

---

8) 日本道路協会：落石対策便覧，2017．

弾性応答時の変形エネルギー（図 6.35）と等しくなるまで，擁壁が水平変位および回転を生じるものとする．擁壁の安定性については，上記の落石外力によって生じる地盤の弾性応答時の変形エネルギーが，擁壁底面の許容変位から定まる擁壁基礎地盤の塑性変形を考慮した可能吸収エネルギー（図 6.35）以下となることを照査する．

② 擁壁の設計においては，想定される大きさの落石が 1 個衝突する場合を考えるものとする．

③ 落石が落石防護擁壁に衝突する角度は，設計上は水平に衝突するものとする．

④ 落石の衝突高さは，落石防護擁壁背面への落石堆積状況，落石の跳躍量，生じる落石の大きさを考慮して定める．

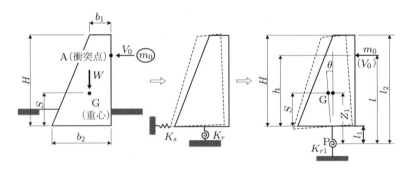

図 6.34　落石防護擁壁のモデル [9]

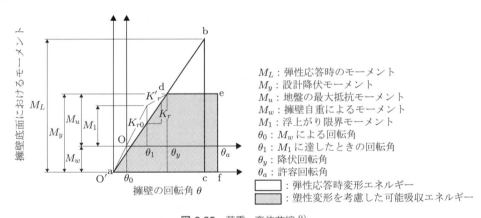

M_L：弾性応答時のモーメント
M_y：設計降伏モーメント
M_u：地盤の最大抵抗モーメント
M_w：擁壁自重によるモーメント
M_1：浮上がり限界モーメント
θ_0：M_w による回転角
θ_1：M_1 に達したときの回転角
θ_y：降伏回転角
θ_a：許容回転角
　　：弾性応答時変形エネルギー
　　：塑性変形を考慮した可能吸収エネルギー

図 6.35　荷重-変位曲線 [9]

6.6.2　落石防護擁壁に緩衝材を設置した事例

大規模な落石を擁壁で防護するためには，ロックシェッドの緩衝材と同様に，擁壁背面に緩衝材を設置する方法が考えられる．擁壁における緩衝材は，ロックシェッドとは異なり敷砂では設置が困難であるため，発泡スチロールのような自立性能を有することが条件となる．石川県内と兵庫県内の設計事例を図 6.36 と図 6.37 に示す．そのほか，

---
9) 日本道路協会：落石対策便覧，2017.

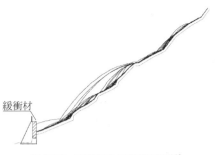

図 6.36 石川県内の設計事例 [10]

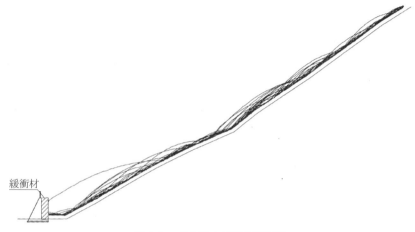

図 6.37 兵庫県内の設計事例 [10]

写真 6.23 群馬県内の施工事例

群馬県内の施工事例を**写真 6.23** に示す.

6.6.3 発泡スチロールの吸収エネルギー算定

緩衝材を発泡スチロールとした場合の,吸収エネルギー算出方法に関する実験的研究が報告されている[9]. しかし,提案されている設計式を用いるには,以下の問題がある.

---

10) 勘田益男:緩衝機能を有する落石防護擁壁の設計法,第 3 回落石等による衝撃問題に関するシンポジウム講演論文集,pp. 233–238,1996.

1) ロックシェッドを対象としているため，落石径と発泡スチロール厚の組み合わせに条件（発泡スチロール厚 $> 0.555 \times$ 落石径）がある．
2) 落石を球体と仮定したうえで，発泡スチロールの吸収エネルギーを円柱に置き換えた形状で算出しているため，比較的誤差が大きい．
3) 落石が球体以外の場合に対応できない．

これらの問題を解決するために，吸収エネルギー算出方法を提案する[4]．

(1) 発泡スチロールの応力－ひずみの関係

発泡スチロールの応力－ひずみ関係は図 6.38 のようにモデル化する．単位体積重量 $\rho = 150\,\mathrm{N/m^3}$ を想定すると，各応力 σ_5 および σ_{60}, σ_{80} は，$\sigma_5 = 100\,\mathrm{kN/m^2}$，$\sigma_{60} = 300\,\mathrm{kN/m^2}$，$\sigma_{80} = \sigma_{100} = 650\,\mathrm{kN/m^2}$ となる．

発泡スチロールに落石が貫入する場合，吸収エネルギーは衝撃力と貫入量の関係より求められることから，図 6.38 に示すモデルによって算出する．ただし，擁壁の場合，落石に対して発泡スチロール厚が小さい場合が考えられるため，衝撃力の分散は考慮しないものとする．

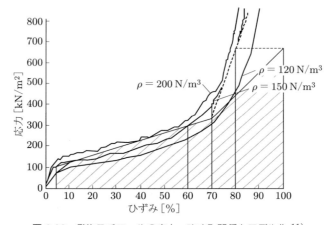

図 6.38 発泡スチロールの応力－ひずみ関係とモデル化 [11]

(2) 球体の場合

図 6.39 に示すように，落石が 100%貫入する場合の発泡スチロールの吸収エネルギー E_{WC} は，次のようになる．

$$E_{WC} = V_5 \cdot \sigma_5 + V_6 \cdot \sigma_6 + \cdots + V_{100} \cdot \sigma_{100} = \sum_{k=5}^{100} V_k \cdot \sigma_k \qquad (6.3)$$

ここに，V_5：発泡スチロール 5%ひずみに対応する貫入体積 $[\mathrm{m^3}]$，V_6：発泡スチロール 6%ひずみに対応する貫入体積 $[\mathrm{m^3}]$，V_{100}：発泡スチロール 100%ひずみに対応する貫入体積 $[\mathrm{m^3}]$，σ_5：発泡スチロール 5%ひずみの応力 $[\mathrm{kN/m}]$，σ_6：発泡スチロール 6%ひず

---

11) 吉田博, 松葉美晴, 法貴貫志郎, 久保田努：発泡スチロールの落石に対する緩衝効果に関する実験的研究, 土木学会論文集, 第 427 号/IV–14, pp. 143–152, 1991.

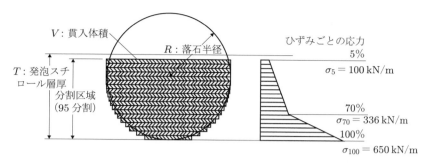

図 6.39 吸収エネルギー算出モデル図 [12]

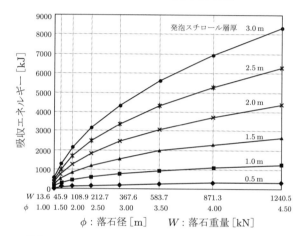

図 6.40 発泡スチロールの吸収エネルギー・層厚・落石（球体）の関係 [12]

みの応力 [kN/m]，σ_{100}：発泡スチロール 100%ひずみの応力 [kN/m] である．

発泡スチロールの吸収エネルギーと層厚，落石径の関係を図 6.40 に示す．

(3) 八面体の場合

落石の形状は多様であるため，球体以外の形状として図 6.41 に示す八面体を想定し，先端より落下すると考えて，球体と同様に吸収エネルギーを求める．発泡スチロールの吸収エネルギーと層厚，落石径の関係を図 6.42 に示す．先端より落下すれば，貫入体積は球体より減少するため，吸収エネルギーも小さくなる．

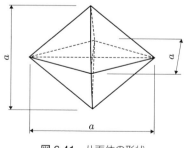

図 6.41 八面体の形状

---

12) 勘田益男：緩衝機能を有する落石防護擁壁の設計法，第 3 回落石等による衝撃問題に関するシンポジウム講演論文集，pp. 233–238，1996．

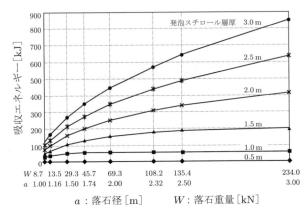

図 6.42 発泡スチロールの吸収エネルギー・層厚・落石（八面体）の関係[13]

6.6.4 擁壁面に作用する衝撃力の算定

6.6.3 項において算出した発泡スチロールの吸収エネルギーは，落石が発泡スチロールを貫入して擁壁に衝突することを前提にしている．しかし，貫入量が 100% 以下の場合も考えられるため，衝撃力の算出も必要である．図 6.43 に示すように，擁壁に作用する衝撃力 P は，次のようになる．

$$P = A_5 \cdot \sigma_5 + A_6 \cdot \sigma_6 + \cdots + A_N \cdot \sigma_N = \sum_{k=5}^{N} A_k \cdot \sigma_k \tag{6.4}$$

ここに，A_5：発泡スチロール 5% ひずみに対応する面積 [m^2]，A_6：発泡スチロール 6% ひずみに対応する面積 [m^2]，A_N：発泡スチロール N% ひずみに対応する面積 [m^2]，σ_5：発泡スチロール 5% ひずみの応力 [kN/m]，σ_6：発泡スチロール 6% ひずみの応力 [kN/m]，σ_N：発泡スチロール N% ひずみの応力 [kN/m] である．

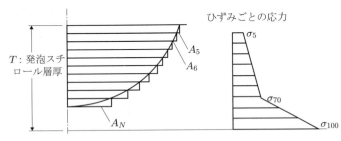

図 6.43 衝撃力の算出モデル図[13]

6.6.5 設計の考え方

緩衝材を設けた場合，落石の貫入量によって設計計算方法が異なるため，図 6.44 に示すフローチャートによって設計方法を提案する．なお，平成 29 年版便覧では新たに，

---

13) 勘田益男：緩衝機能を有する落石防護擁壁の設計法，第 3 回落石等による衝撃問題に関するシンポジウム講演論文集，pp. 233–238, 1996.

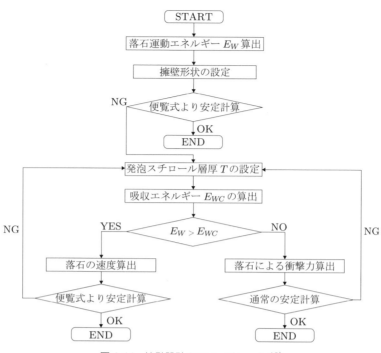

図 6.44 擁壁設計のフローチャート [13]

従来設計であれば損傷の修復を容易に行えると考え，性能 2 を満足するとしているため，本節でも準拠する [1].

6.7 ロックシェッド用緩衝材の再利用評価

平成 29 年版便覧では新たに，ロックシェッドの緩衝材として三層緩衝構造や発泡スチロールの積層や発泡スチロールと砂の互層が紹介されているように，発泡スチロールが広く用いられる．しかし，落石が発泡スチロールに貫入した場合に必要となる取り換えなどのメンテナンスは，判断基準が一般化されていない．発泡スチロールは復元性能が高いため，繰り返し落石に対してある程度対応可能であると考えられる．本節では，発泡スチロールの繰り返し圧縮試験により，繰り返し落石の衝撃力を算定し，再利用評価の提案を行う [5].

6.7.1 発泡スチロールの繰り返し圧縮試験

発泡スチロール（密度 $\rho = 200\,\mathrm{N/m^3}$ と想定する）の繰り返し圧縮試験の結果を**表 6.20**，応力 – ひずみ曲線を**図 6.45** に示す．発泡スチロールは，1 回目の圧縮に対して 2～5 回目では 85～81% 程度の復元率（初期の層厚に対する復元後の厚さの比）となり，高い復元性を示す．また，2～5 回目の応力 – ひずみ曲線は，1 回目を下回るものの，差は小さくほぼ一定である．

表 6.20 応力とひずみの値 [14]

		応力 [kN/m²]				
圧縮回数		1回目	2回目	3回目	4回目	5回目
復元率		100%	85%	82%	81%	81%
ひずみ [%]	5.0	133	63	58	40	40
	10.0	147	83	76	72	71
	15.0	158	97	88	85	84
	20.0	167	110	100	98	97
	25.0	176	126	113	114	111
	30.0	186	142	126	130	124
	35.0	197	164	148	153	143
	40.0	210	186	169	176	162
	45.0	226	222	200	209	192
	50.0	247	258	230	241	222
	55.0	272	323	281	302	274
	60.0	304	388	331	362	325
	65.0	347	494	431	466	438
	70.0	408	600	530	570	550

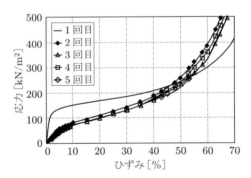

図 6.45 応力-ひずみ曲線 [14]

6.7.2 設計式

実験的研究によって，密度 $\rho = 150 \sim 200\,\text{N/m}^3$ の発泡スチロールを用いた場合，吸収エネルギーが発泡スチロールの応力-ひずみ曲線よりほぼ理論的に求められている[7]．また，衝撃荷重の分散角は，$+30°$ から $+3°$ 程度としている．

その実験的研究と同様の考え方で，2回目以降の落石に対する設計式を導入する．第1層貫入時の分散直径および最大貫入時の分散直径は，落石径の110%とする．$\sigma'_5 = 40\,\text{kN/m}^2$, $\sigma'_{50} = 230\,\text{kN/m}^2$ とすれば，以下のようになる．

$$P'_5 = 40 \cdot \frac{1}{4}\pi(d_0 \cdot 1.10)^2 = 38.0 d_0{}^2 \tag{6.5}$$

$$P'_{50} = 230 \cdot \frac{1}{4}\pi(d_0 \cdot 1.10)^2 = 218.58 d_0{}^2 \tag{6.6}$$

---

14) 勘田益男，前育弘：EPSの復元性を考慮した落石衝撃力の算出における一提案，第4回構造物の衝撃問題に関するシンポジウム講演論文集, pp. 17–20, 1998.

$$P' = \sqrt{\frac{2WH}{0.451t' + \bar{e}}(P'_{50} - P'_5) + P'^2_5} \tag{6.7}$$

$$C_{\max} = \frac{2WH}{P' + P'_5} + 0.05t' \leqq 0.6t \tag{6.8}$$

ここに，σ'_5：2回目落下以降の発泡スチロール5%ひずみに対応する応力 [kN/m]，σ'_{50}：2回目落下以降の発泡スチロール50%ひずみに対応する応力 [kN/m]，P'_5：2回目落下以降の発泡スチロール5%ひずみに対応する衝撃力 [kN]，P'_{50}：2回目落下以降の発泡スチロール50%ひずみに対応する衝撃力 [kN]，P'：2回目落下以降の落石衝撃力 [kN]，t'：初期設定した発泡スチロール層厚の80%厚さ [m] である．

6.7.3 重錘落下実験による照査

繰り返し圧縮試験の結果から導入した設計式を，図 6.46 と写真 6.24 および写真 6.25 に示すような，重錘を用いた落下実験によって照査する．重錘落下実験は，同じ箇所に繰り返し落下させる関係上，固定した落下装置を用いた．重錘重量1kN，最大落下高さ

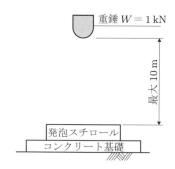

図 6.46　重錘落下実験模式図 [14)]

写真 6.24　重錘実験装置 [15)]

写真 6.25　重錘と落下装置 [15)]

---

15) 勘田益男，前育弘：重錘落下実験による高密度 EPS を用いた落下衝撃力の算出における一提案，第 4 回構造物の衝撃問題に関するシンポジウム講演論文集，pp. 13–16，1998．

は 10 m である．落下後の発泡スチロールの状況を**写真 6.26〜6.28** に示す．重錘に取り付けた加速度計の値より，速度，貫入量および重錘衝撃力を求め，設計式との照査を行った．繰り返し重錘落下実験の結果を，**表 6.21** と**図 6.47** に示す．発泡スチロールの密度は，200 N/m^3 である．表 6.21 に示したように，設計式による衝撃力は，重錘衝撃力を大きく下回る結果となった．これは，1 回目落下と 2 回目以降ではエネルギー吸収のメカニズムの差と考えられるほか，実験の発泡スチロールを 1 層で行ったため，分散が大きく，設計式で設定した 10% を上回ったためと考えられる．また，2〜5 回目における重錘衝撃力の差異は小さいことがわかる．

写真 6.26　落下後の発泡スチロールの状況 (1) [16]　　写真 6.27　落下後の発泡スチロールの状況 (2) [16]

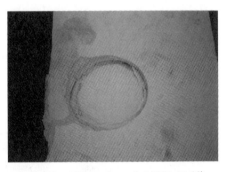

写真 6.28　落下後の発泡スチロールの状況 (3) [16]

表 6.21　重錘落下実験と設計式による衝撃力 [16]

重錘	落下回数	落下高さ [m]	重錘衝撃力 [kN]	復元した高さ [cm]	設計式による衝撃力 [kN]	計算上の復元高さ [cm]
1 kN	1	9	61.6	50	67.9	—
	2	4	50.9	45	32.5	40
	3	4	53.8	44	32.5	40
	4	4	54.4	44	32.5	40
	5	4	53.8	44	32.5	40
	6	6	62.2	44	39.6	40

---

16) 勘田益男，前育弘：EPS の復元性を考慮した落石衝撃力の算出における一提案，第 4 回構造物の衝撃問題に関するシンポジウム講演論文集，pp. 17–20, 1998.

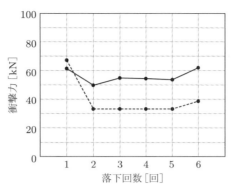

図 6.47　重錘衝撃力と落下回数

6.7.4　復元性メカニズムの推定

　発泡スチロールの復元がどのように起こるのか推定する．発泡スチロールは以下のように製造される．まず，石油を原料として得られるスチレンモノマーを重合して球体のポリスチレン樹脂を生成し，これにブタンガスなどの発泡剤を含浸すると，発泡ポリスチレンビーズができる．さらに，所定の倍率に予備発泡させたものをサイロで完走熟成させた後，生成機に充填し蒸気でブロック状に成形すれば完成である．

　写真 6.29～6.32 は，予備発泡粒の顕微鏡写真である．発泡スチロールが独立気泡の集合体であることがわかる．そこで，予備発泡体のなかの粒を立体骨格構造とセルフェー

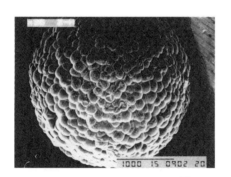

写真 6.29　予備発泡粒 (×35) [16]

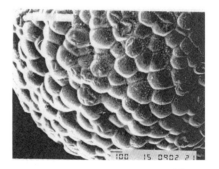

写真 6.30　予備発泡粒 (×75) [16]

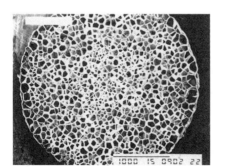

写真 6.31　予備発泡スライス面 (×35) [16]

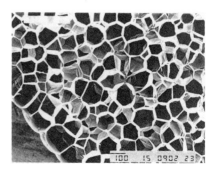

写真 6.32　予備発泡スライス面 (×100) [16]

スをもつモデルで考える．外力に対して，骨格の曲げ，セルフェース内の空気内圧およびセルフェースの伸張により抵抗すると仮定する．

発泡スチロールを圧縮すると，**図 6.48** に示すように，まず，骨格の曲げおよびセルフェースの変形が進行する（①）．次に，骨格の座屈に起因する非線形段階となる（②）．この時点で，セルフェースの破壊が進行する．さらにひずみが大きくなると，隣接する骨格どうしが接触し，骨格材そのものの圧縮となり，応力は急傾斜となる（③）．その後，骨格自体の復元性によって，骨格はある程度（80%程度）原形に復帰する．再度圧縮すれば，初期の弾性変形はみられず，② → ③ の挙動を繰り返すと推定される．

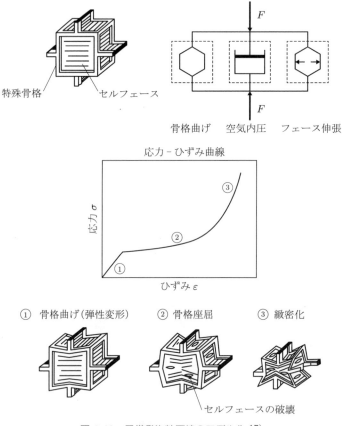

図 6.48　予備発泡粒圧縮のモデル化 [17]

6.7.5 設計方法

設計対象となる落石に対して，1 回目落下では従来の方法で必要厚さ，衝撃力および貫入量を求める．同様の落石条件で 2 回目以降を検討する場合は，発泡スチロールの吸収エネルギー量の減少により，必要厚さをより厚く設定する必要がある．一般的に，2 回目以降の落下では，設定した厚さの 80% が復元すると考えて，復元式より衝撃力が 1 回

[17) 勘田益男，前育弘：EPS の復元性を考慮した落石衝撃力の算出における一提案，第 4 回構造物の衝撃問題に関するシンポジウム講演論文集，pp. 17–20，1998．

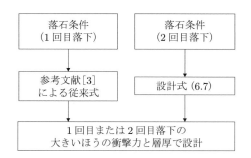

図 6.49 復元性を考慮した発泡スチロール設計のフローチャート

目落下を下回ることが望ましい．

以上の点を，**図 6.49** のフローチャートに示す．

6.7.6 まとめ

　落石が発泡スチロールに落下し貫入しても，損傷が小さければ，ある程度再利用が可能であることが判明した．近年，資材の再利用が注目されるなかで，有効利用の一提案とする．ただし，本節では，新設する緩衝材に発泡スチロールの復元性を見込んだ設計を勧めているわけではなく，あくまでも損傷した発泡スチロールの再利用の目安を示した．たとえば，設計で想定した最大の落石が発生し，発泡スチロールが損傷した場合，残された発生源で想定される落石が発生しても，復元性の性能で対応できれば取り換えは不要となる．また，設計で想定した落石よりかなり小さな場合では，損傷も小さいため，復元性を考慮した再設計を行い耐力条件を満足すれば，取り換えは同様に不要となる．

参考文献

[1] 日本道路協会：落石対策便覧，2017．
[2] 斜面の安心・安全研究会：強靭防護網設計施工要領，2018．
[3] 中野明，森崎充，前川幸次：溶接構造用遠心力鋳鋼管の衝撃吸収エネルギーに関する実験的研究，第 5 回構造物の衝撃問題に関するシンポジウム講演論文集，pp. 199–204，2000．
[4] 勘田益男：緩衝機能を有する落石防護擁壁の設計法，第 3 回落石等による衝撃問題に関するシンポジウム講演論文集，pp. 233–238，1996．
[5] 勘田益男，前育弘：EPS の復元性を考慮した落石衝撃力の算出における一提案，第 4 回構造物の衝撃問題に関するシンポジウム講演論文集，pp. 17–20，1998．
[6] 国立研究開発法人土木研究所：高エネルギー吸収型落石防護工等の性能照査手法に関する研究，共同研究報告書，pp. 155–158，2017．
[7] ループフェンス研究会：高エネルギー吸収落石防護柵ループフェンス LOOP FENCE 実物実験報告書，2019．
[8] ゼニス羽田株式会社：超高エネルギー吸収落石防護柵 MJ ネット実物実験報告書，2019．
[9] 吉田博，松葉美晴，法貴貫志郎，久保田努：発泡スチロールの落石に対する緩衝効果に関する実験的研究，土木学会論文集，第 427 号/IV-14，pp. 143–152，1991．

第7章
落石防護工の性能評価における動的応答解析の活用と展望

7.1　落石対策における動的応答解析について

　近年，汎用性の高い動的応答解析ソフトが開発され，さまざまな分野で活用されている．落石対策においても，ポケット式落石防護網のような大変形を伴う衝撃現象において，動的応答解析を用いた性能評価は有効である．とくに，ポケット式落石防護網のエネルギー吸収機構において，複雑で大変形する部材の性能を力学的計算で評価することは困難であり，適切な手順や現象に見合った設定条件やパラメータで動的応答解析を行うことができれば，力学的計算より精度の高い性能評価が可能となる．

　しかし，設定条件やパラメータ，対象モデルの設定方法によって，解析精度や解析結果は大きく変化することはよく知られているが，動的応答解析ソフトの適用性や設定条件，パラメータが検討されている報告は少ない．そのため，これまで性能評価への適用では，実規模性能実験に比べて補助的に用いられることが多かった．実規模性能実験と同様のモデルで動的応答解析を行い，変形や部材応力について比較しても，解析に必要な設定条件やパラメータが明らかにされていなければ，再現性は低い．そのため，構造形式や衝突現象に配慮した設定条件や，パラメータの適切な設定方法が求められている．

　平成29年版便覧では，慣用設計法の範囲を超えるものや新たな構造形式の落石防護施設についての性能照査方法として，統一的な実験的性能検証法（以下では実規模性能実験と称する）が示された[1]．実験供試体は検証対象の構造体の標準的外形寸法とされ，現地設置条件に対して性能が担保できることを適切な手法で示す必要がある．しかし，実規模性能実験には地形条件や施工規模などの制約が多く，限定された条件下での性能評価に限られる．一方で，動的応答解析であれば，さまざまな条件下で性能を評価することが可能である．

　このような動的応答解析の優位性を生かし，その有効性を検証したうえで，ポケット式落石防護網の性能を精度の高いレベルで評価することを目的とし，本章では，汎用動的非線形有限要素解析ソフト LS-DYNA（以下では解析ソフトと称する）を用いて，ポケット式落石防護網の性能評価を行うために必要な設定条件やパラメータについて検討した結果を述べる．本章の検討がポケット式落石防護網を題材にして各種設定方法を詳

7.2 基本方針と検討ケース

7.2.1 基本方針

はじめに，動的応答解析に必要な設定条件やパラメータを検討し，解析結果との関係を明らかにする．精度の高い解析結果を得るためには，現象に見合った設定条件やパラメータを検討し，適切な手順で事前解析を行うことが重要である．検討した設定条件やパラメータを用いて，単純なモデルから現実的なモデルへ構造形式を段階的に変え，ポケット式落石防護網の部材応答の傾向からエネルギー吸収機構を推定し，その性能評価に動的応答解析を活用する有効性を示す．

7.2.2 検討ケース

検討ケースと各モデルの概要を図 7.1～7.4 と表 7.1 に示す．ポケット式落石防護網は，上端と側面の 3 辺が固定支持された金網が鉛直に設置される構造形式をもち，加えて，落石の衝突による大変形を伴うため，エネルギー吸収機構が明確ではない．そこで，ポケット式落石防護網の構造的特徴に着目し，4 辺固定形式や金網水平設置形式と比較検討することで，構造形式の相違からエネルギー吸収機構を推定する．

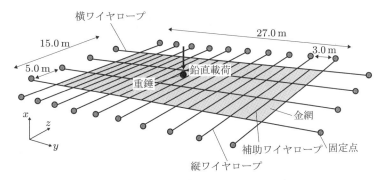

図 7.1　Model-1（水平 4 辺固定モデル）

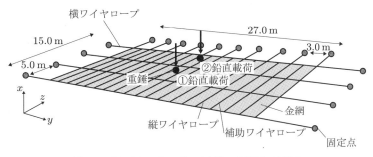

図 7.2　Model-2-①, -②（水平 3 辺固定モデル）

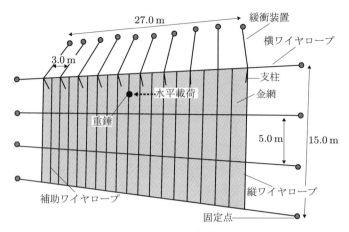

図 7.3　Model-3（鉛直 3 辺固定モデル）

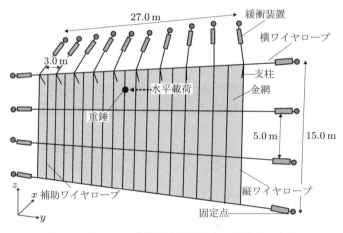

図 7.4　Model-4（緩衝装置付き鉛直 3 辺固定モデル）

(1) 検討ケース 1

　Model-1（水平 4 辺固定モデル）と，ポケット式落石防護網と同構造の Model-2-①（水平 3 辺固定モデル）で解析を行い，各ワイヤロープに作用する張力のバランスを確認する．Model-1（水平 4 辺固定モデル）では，横ワイヤロープおよび縦ワイヤロープをそれぞれ均等な間隔で対称的に配置する．横ワイヤロープの間隔 5.0 m に対し，縦ワイヤロープの間隔は 3.0 m と狭く本数が多いため，縦ワイヤロープ張力が増加すると考えられる．Model-2-①（水平 3 辺固定モデル）では，縦ワイヤロープの一端を固定しない（フリーにする）ことで，両端を固定している横ワイヤロープの張力が増加し，縦ワイヤロープの張力が減少すると考えられる．

(2) 検討ケース 2

　Model-2-②（水平 3 辺固定モデル）と Model-3（鉛直 3 辺固定モデル）で解析を行い，各ワイヤロープに作用する張力のバランスを確認する．Model-3（鉛直 3 辺固定モ

表 7.1　検討ケース概要

検討ケース 1	Model-1 水平 4 辺固定モデル	Model-2-① 水平 3 辺固定モデル
金網設置方向	水平方向	水平方向
端部固定箇所	4 辺固定	3 辺固定
重錘衝突位置	中　段	中　段

検討ケース 2	Model-2-② 水平 3 辺固定モデル	Model-3 鉛直 3 辺固定モデル
金網設置方向	水平方向	鉛直方向
端部固定箇所	3 辺固定	3 辺固定
重錘衝突位置	上　段	上　段

検討ケース 3	Model-3 鉛直 3 辺固定モデル	Model-4 緩衝装置付き 鉛直 3 辺固定モデル
金網設置方向	鉛直方向	鉛直方向
端部固定箇所	3 辺固定	3 辺固定
重錘衝突位置	上　段	上　段
緩衝装置	なし	あり

デル）では，金網を支持している縦ワイヤロープの張力が増加し，横ワイヤロープの張力が減少すると考えられる．また，変形量や部材に作用するエネルギーを比較し，ポケット式落石防護網の構造的特徴とエネルギー吸収機構について推定する．

(3) 検討ケース 3

6.3 節で述べたように，近年，緩衝装置を用いて部材に作用する荷重を抑え，従来型ポケット式落石防護網に比べて大きな落石運動エネルギーに対応可能な高エネルギー吸収型ポケット式落石防護網が普及している．従来型と高エネルギー吸収型の特徴を**表 7.2** に示す．これらの背景から，検討ケース 3 では，Model-3（鉛直 3 辺固定モデル）と Model-4（緩衝装置付き鉛直 3 辺固定モデル）で解析を行い，緩衝装置による応答への影響を検討する．

表 7.2　ポケット式落石防護網の相違点

項　目	高エネルギー吸収型	従来型
緩衝装置	あり	なし
変形量	大きい	小さい
対応可能落石運動エネルギー	大きい	小さい
構造的特徴	柔構造	剛構造
性能評価	実規模衝撃実験	簡易的設計手法

7.3 動的応答解析の概要と特徴

7.3.1 動的応答解析の概要

解析ソフトでは，ポケット式落石防護網のように大変形することや，高エネルギー吸収型ポケット式落石防護網において一定の張力で緩衝装置がスリップすることなど，ポケット式落石防護網の材料非線形性および幾何学的非線形性を考慮することが可能である．

計算手法は，異なる形状や物性を有する連続体であるポケット式落石防護網を単純な形状の要素に分割し，一要素の挙動から構造物の応答を予測する，有限要素法を用いる．時間積分法は，解析する全体の時間（解析時間 T）を細かく分割し（時間増分 Δt），初期条件や過去のあるステップの物理量を使って差分方程式を解くことにより次のステップの解を求める，陽解法を用いる．時間増分 Δt は，要素サイズや材料の応力波速度から自動的に決定される．解析時間 T を時間増分 Δt で除したものがステップ数である．時間増分 Δt が小さいほどステップ数が多くなり，解析に要する時間が長くなる．

7.3.2 動的応答解析の特徴

(1) モデル化に必要な節点と要素について

モデルは，解析ソフト上で任意に設けた全体座標系における x, y, z 座標値（以下，節点と称する）から構成される．節点は図7.5に示す六つの自由度を有し，モデル化する構造物の拘束条件にあわせて，任意軸方向への移動や任意軸周りの回転について拘束や解放が設定できる．

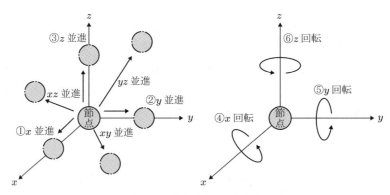

図7.5　節点の六つの自由度

節点どうしを結んだものを要素とよび，各要素には使用する材料に応じた密度，ヤング率，ポアソン比，応力-ひずみ関係などの特性を与える．要素は，モデル化する対象物の形状や変形特性などに応じて，主に表7.3に示す四つのタイプから選択する．各要素タイプで入力可能なパラメータは異なり，離散要素では破壊時の変位や限界，梁要素では断面積，ソリッド要素では積分方法，シェル要素では板厚などが設定できる．

表7.3 解析ソフトで使用可能な要素タイプ

要素タイプ	目的や用途，選択の目安
離散要素	質量を無視するばねやダンパーのようなもの
梁要素	一定断面で長さ L が断面高さ h に比べ5〜10倍以上の場合
シェル要素	長さ L が断面高さ h に比べ1〜2倍程度でせん断変形をみる場合や，平面的な応力集中をみる場合
ソリッド要素	全体座標系において3方向に同じような厚さを有し，重量や体積および重心の再現が必要な場合

(2) 接触の考え方

解析ソフトで用いられる接触アルゴリズムはペナルティー法で，マスター（接触される側）とスレーブ（接触する側）を設定する．図7.6 に示すように，マスターセグメントの拘束をスレーブ節点が侵したとき，貫入に抵抗する弾性ばねがスレーブ節点からマスターセグメント法線方向に形成される．解析ソフトは，貫入量と貫入位置からスレーブ節点とマスターセグメント節点に作用する接触力 F_s, F_{m1}, F_{m2} を自動で計算する．接触のタイプは，マスターとスレーブを区別する1方向処理接触と，マスターとスレーブを区別せず入れ替えて2回処理を行う2方向処理接触が設定できる．

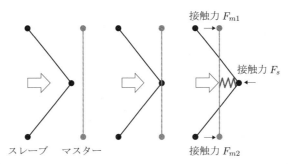

図7.6 ペナルティー法

(3) 減衰の考え方

解析ソフトでは，モデルの振動を抑えるために仮想的な減衰を与えることができる．設定可能な減衰の種類は，低周波の振動モードが目安となる質量比例型減衰と，高周波の振動モードが目安となる剛性比例型減衰に分けられる．低周波の振動モードとは，片持ち梁や桁の長い橋梁の振動などで，高周波の振動モードとは，硬質な物体同士が接触した際の振動などである．現象にあわせた減衰係数を任意に入力できるが，モデルの振動モードが不明確で角振動数を把握できない場合や，モデルが大変形し各要素が複雑な振動をしている場合は，設定値の取り扱いが難しい．

(4) 解析ソフトにおける各種エネルギー

解析ソフトでは，各部材に発生するエネルギーを確認することができる．主なエネルギーは，以下のとおりである．

① 運動エネルギー (kinetic energy)：ある要素の質量と運動時の速度から求められ

るエネルギー
② 内部エネルギー (internal energy)：要素の断面積や発生する応力から求められるエネルギー（緩衝装置の変形や熱エネルギーを含む）
③ 減衰エネルギー (damping energy)：減衰設定を行った場合に発生するエネルギー

7.4 動的応答解析におけるモデルとパラメータの設定

7.4.1 解析条件の入力

(1) 基本条件

(i) ポケット式落石防護網

解析モデルの形状は，ポケット式落石防護網の実情にあわせて決定する．設置高さは10～15 m が多く，設置延長が設置高さよりも大きい場合が多いことを踏まえ，解析モデルの規模は，高さ15 m，延長27 m，9 スパンとする．1 スパン（支柱間隔）3 m でスパン中心を重錘の衝突位置とするため，スパン数は奇数とする．

(ii) 重錘の運動エネルギー

衝突する重錘の運動エネルギーは，解析モデルの構造から適用可能な範囲で決定する．便覧の慣用設計法と推定式 (2.1) によって試算し，防護網の構造と重錘の運動エネルギーを仮定し，吸収可能エネルギーを算出した結果を**表 7.4**，**7.5** に示す[1]．この場合，ポケット式落石防護網の吸収可能エネルギー 140.5 kJ は，落石運動エネルギー 103.7 kJ を上回り，適用可能となる．これを目安にして，解析モデルで検討する重錘エネルギーは，吸収可能エネルギー 140.5 kJ に対して余裕をもって 100 kJ と設定する．重錘重量 5.0 kN，重錘エネルギー 100 kJ より衝突速度は，20 m/s とする．重錘の衝突位置は，便覧の慣用設計法に従い，上端横ロープと 2 段目の横ロープの金網中央とし，縦ロープ方向についてはスパン中央とする．衝突方向は水平とする．

表 7.4 重錘の運動エネルギーを設定するための仮定条件

金網	寸法・形状	$\phi 5.0$ mm, 50 mm × 50 mm
	金網張力	43.6 kN/m
	金網部単位重量	79.4 N/m^2
	設置時傾斜角	90°
	重量有効面積	144 m^2
斜面	平均勾配	40°
	等価摩擦係数	0.35
落石	直径	0.75 m
	重量	5.0 kN
	落下高さ	35 m
	エネルギー	103.7 kJ

表 7.5 試算における防護網の吸収可能エネルギー

金網の吸収エネルギー	E_N	54.0 kJ
横ロープの吸収エネルギー	E_R	14.1 kJ (70.2 kN)
支柱の吸収エネルギー	E_P	0 kJ
吊ロープの吸収エネルギー	HE_R	0.58 kJ (27.5 kN)
衝突前後のエネルギー差	E_L	71.8 kJ
吸収可能エネルギー	E_T	140.5 kJ

（　）内は設計張力

(2) 解析モデルの構造

主要部材の配置概要を表7.6に示す．形状は施工延長 27.0 m，施工高さ 15.0 m とし，従来型のポケット式落石防護網と同構造とする．

表 7.6 主要部材配置概要

部材名	設置本数	設置延長
横ワイヤロープ	4 本	37 m
縦ワイヤロープ	10 本	15 m
吊ワイヤロープ	10 本	10 m
補助ワイヤロープ	9 本	15 m
アンカー（横）	8 本	—
アンカー（縦）	10 本	—
支　柱	10 本	—

(3) 構成部材

(i) 重　錘

重錘は体積や重量の再現が必要なため，ソリッド要素でモデル化する．形状は直径 0.75 m の球体で，重錘自体が変形しない剛体の特性を与える．材質は，設計基準強度 $18\,\mathrm{N/mm^2}$ のコンクリートを想定し，密度 $23.0\,\mathrm{kN/m^3}$，ヤング係数 $2.059\times10^4\,\mathrm{N/mm^2}$，ポアソン比 0.2，重量 5 kN とする．

球体をソリッド要素でモデル化する場合，要素密度が小さいと目標の体積に足らず十分な重量が得られない．要素密度別の重錘モデルを図7.7に示す．要素密度を大きくすると球体に近づくことがわかる．しかし，要素密度が大きすぎると解析時間が長大となり現実的ではない．要素密度別の重錘重量検討結果を表7.7に示す．目標とする重錘重量は 5 kN であり，要素密度 10，要素数 7000 が最適モデルとなる．

要素密度 2　　要素密度 5　　要素密度 8　　要素密度 10　　要素密度 20

図 7.7　要素密度別の重錘モデル

表 7.7　要素密度別の要素数と重量

要素密度	要素数	重量
2	56	3.82 kN
5	875	4.82 kN
8	3584	4.98 kN
10	7000	5.01 kN
20	56000	5.06 kN

(ii) ワイヤロープ

ワイヤロープは，断面が一定で長さが断面高さよりかなり大きいため，梁要素でモデル化する．圧縮力には抵抗しない，ケーブルタイプの特性を与える．吊ワイヤロープ，縦ワイヤロープおよび横ワイヤロープは公称径 $\phi 18\,\mathrm{mm}$，有効断面積 $129\,\mathrm{mm}^2$，補助ワイヤロープは公称径 $\phi 14\,\mathrm{mm}$，有効断面積 $78.4\,\mathrm{mm}^2$ を想定し，ヤング係数 $1.079 \times 10^5\,\mathrm{N/mm^2}$，密度 $77.22\,\mathrm{kN/m^3}$ とする．

一般的に使用されるワイヤロープは，素線 7 本よりを 3 本に束ねたワイヤロープ（3×7）であるが，工業標準化されておらず物性データが不十分である．そこで，荷重－ひずみ曲線は，図 7.8 に示す素線 7 本よりを 7 本に束ねたワイヤロープ（7×7）の特性を近似的に用いる[2]．対切断荷重比は，ワイヤロープの破断荷重に対する比率である．

ワイヤロープの要素構成例を図 7.9 に示す．ワイヤロープは結合コイルを用いて金網と連結し，モデル上節点を共有することで重錘衝突時に一体となって変形する．ワイヤロープ部位別の要素数を表 7.8 に示す．金網と連結する横ワイヤロープ，縦ワイヤロープ，補助ワイヤロープは，金網と節点を共有しているため要素数が多い．吊ワイヤロープは，設置本数と同数の要素数（1 要素/本）である．

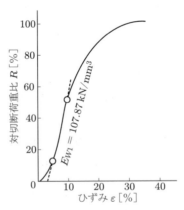

図 7.8　ワイヤロープ荷重－ひずみ曲線

(iii) 金 網

金網は，変形量が大きく平面的な応力集中が予想されるため，シェル要素でモデル化する．これまでの研究で，緩衝装置を有する高エネルギー吸収型落石防護網の実規模実証実験を行い，重錘は阻止面を突破することなく斜面下端に誘導されており，金網を弾性体

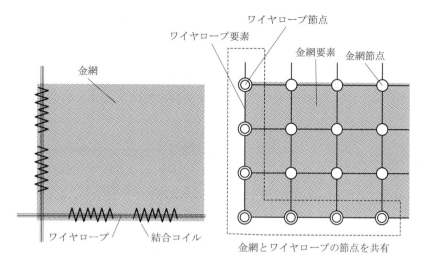

図 7.9 ワイヤロープ要素構成例

表 7.8 部位別の要素数

部材名	要素数
横ワイヤロープ	1736
縦ワイヤロープ	2400
吊ワイヤロープ	10
補助ワイヤロープ	2160

とみなした動的応答解析でも，実験における落石防護網や重錘の挙動を再現できたとされている[3]．本解析モデルでも，検討する重錘エネルギーは，吸収可能エネルギーに対して適用可能な範囲であることから，金網の変形特性として，応力が除荷された場合は初期の寸法に戻る弾性の特性を与えても問題はないと考えられる．規格は素線径 $\phi 5\,\mathrm{mm}$，網目 $50\,\mathrm{mm} \times 50\,\mathrm{mm}$ を想定し，密度 $62.76\,\mathrm{N/m^2}$，ヤング係数は $1.275 \times 10^5\,\mathrm{N/mm^2}$，ポアソン比 0.3 とする．最適要素サイズの検討より，要素 1 辺の長さを $62.5\,\mathrm{mm}$ とし，要素数 103680 とする．

(iv) 支 柱

支柱は，断面が一定で長さが断面高さよりかなり大きいため，梁要素でモデル化する．引張力や圧縮力に加え，曲げやせん断力に抵抗する特性を与える．規格は一般構造用圧延鋼材 (SS400) を想定し，密度 $23.0\,\mathrm{kN/m^3}$，ヤング係数 $2.1 \times 10^5\,\mathrm{N/mm^2}$，ポアソン比 0.3 とする．設置本数と同数の要素数 10（1 要素/本）とする．

(v) 緩衝装置

Model 3（緩衝装置付き鉛直 3 辺固定モデル）で必要な緩衝装置は，ばねの動きを再現するため，離散要素でモデル化する．緩衝装置の作動機構を**図 7.10** に示す．**図 7.11** に示すような載荷時曲線と除荷時曲線を設定し，$20\,\mathrm{kN}$ 以上の荷重が作用した場合，その荷重を保持したままひずみが増加し，荷重が除荷されてもひずみは残留する非線形ばねの特性を与える．すべての固定点に設置し，要素数 18 とする．

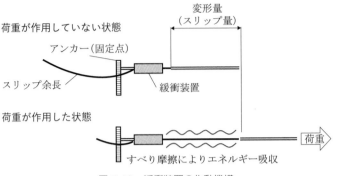

図 7.10　緩衝装置の作動機構

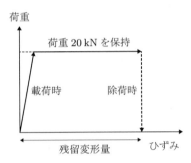

図 7.11　緩衝装置の応力 – ひずみ曲線

7.4.2　解析条件の検討

(1) 接触条件

　1方向処理接触は，マスターとスレーブが確定し，常に一定で変化しない場合に有効である．しかし，大変形を伴うポケット式落石防護網の解析では，マスターとスレーブを確定することが困難なため，接触タイプはマスターとスレーブを区別せず入れ替えて2回処理を行う2方向処理接触タイプとする．

　当初，スレーブ節点対マスターセグメントで接触判定を行ったが，剛体である重錘と薄い膜要素である金網の剛性差が大きいため，接触時のめり込み・貫通現象が発生した．このようなめり込み・貫通現象は，実際には発生しないことや，動的応答解析において金網に作用する重錘の衝撃力を各ワイヤロープに正しく伝達することを妨げることから，スレーブ節点対マスターセグメントではなく，スレーブセグメント対マスターセグメントどうしで接触判定を行う設定とした．接触時の重錘と金網接触時の摩擦係数は0.2とする[4]．

(2) 拘束条件

　横ワイヤロープおよび吊ワイヤロープの端点は，アンカーを介して地盤に固定されていると想定し，3軸方向の並進および回転を拘束する．支柱下端は，従来型のポケット式落石防護網の構造にあわせ，前後方向だけに回転自由度を有するヒンジ構造とする．

(3) 減衰条件

ポケット式落石防護網は，物性の異なるさまざまな部材で構成されており，衝撃作用時の応答は複雑で変形も大きく，振動モードの特定や角振動数を把握することは困難である．ポケット式落石防護網をモデル化する場合，ワイヤロープに用いる梁要素は曲げやねじりの影響を受けない特性を与えるため，高周波や低周波を伴う振動の発生は小さい．また，シェル要素でモデル化した金網は，特定の箇所に固定されておらず，ワイヤロープにより支持されているだけのフレキシブルな状態であるため，同じく高周波や低周波を伴う振動の発生は小さい．したがって，減衰係数 $\alpha = 0$ とする．

(4) 最適平滑化区間の検討

(i) サンプリング間隔と平滑化

動的応答解析で得られたデータを評価する場合，波形処理方法やサンプリング間隔の設定は重要であるが，現状では明確な決定根拠はない．図 7.12 に示すように，サンプリング間隔が狭い場合 (A) は，結果を評価するうえで，不必要と考えられる高周波成分が含まれていることがあり，反対にサンプリング間隔が広い場合 (B) は，正確な解析データを得られないことがある．

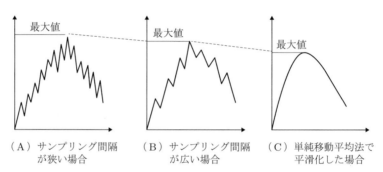

図 7.12 サンプリング間隔と平滑化

そこで，本解析においては，サンプリング間隔を 2 ms (2×10^{-3} s) とし，得られたデータを単純移動平均法で平滑化した場合 (C) の結果を評価する．Model-1 の構造的対称性を利用し，解析データから平滑化による張力値の減少や累積誤差などを検証したうえで，単純移動平均法で平滑化するにあたっての最適区間 n を検討する．平滑化区間 n とは，直近 n 点でデータを平均することを意味する．

(ii) 平滑化による張力値の減少

横ワイヤロープの 4 本（設置間隔 5.0 m）に対し，縦ワイヤロープは 10 本（設置間隔 3.0 m）と本数が多く，ポケット式落石防護網の金網を支持する重要な構成部材である．縦ワイヤロープの張力値について検討する．縦ワイヤロープ張力データ位置図を図 7.13，平滑化区間別の解析結果を表 7.9 に示す．平滑化区間 0 を基準に，平滑化区間別の縦ワイヤロープ V-5, V-4, V-1 の張力値減少率を図 7.14 に示す．平滑化区間を大きくすると張力値は減少し，重錘衝突位置から離れるほど減少率は大きくなる．これは，荷重が

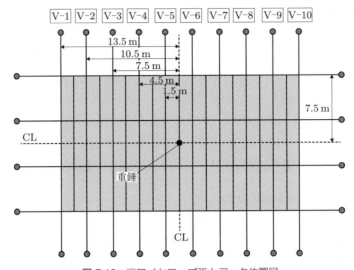

図 7.13　縦ワイヤロープ張力データ位置図

表 7.9　平滑化区間別の解析結果（単位 [kN]）

		縦ワイヤロープ位置									
		V-1	V-2	V-3	V-4	V-5	V-6	V-7	V-8	V-9	V-10
平滑化区間	0	87.3	74.8	80.4	84.8	93.8	90.7	85.4	80.5	73.4	86.4
	10	82.9	73.4	79.1	83.8	92.1	90.2	84.4	79.4	72.0	81.5
	20	78.4	71.5	78.4	82.8	91.0	89.0	83.6	79.1	71.1	75.2
	30	70.6	70.1	77.5	82.2	89.4	88.2	83.1	77.7	70.2	67.8
	40	64.3	69.6	76.7	80.8	88.5	87.4	81.9	76.4	69.2	62.4
	50	59.2	67.1	75.2	79.3	87.4	86.4	80.7	74.9	67.2	57.2

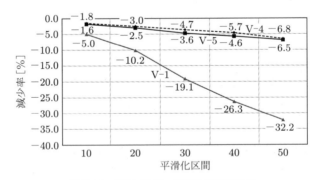

図 7.14　縦ワイヤロープ張力値の減少率

作用し続ける時間に関係しており，変形の小さい端部に近い部材ほど，荷重が作用する時間が短いためである．

(iii) 累積誤差と解析データの左右対称性

モデルが対称であれば解析結果も対称となるはずだが，若干の差異が発生した．平滑化による対称性への影響を確認するため，重錘衝突位置からの距離別に縦ワイヤロープ張力値の差（絶対値）と，それを合計した累積誤差を**表 7.10**に示す．累積誤差が小さい

ほど解析データの対称性が高い．累積誤差の推移を図 7.15 に示す．平滑化区間を大きくすると，累積誤差はわずかに減少する傾向がみられる．しかし，陽解法では，ステップに誤差があった場合，その解を使って次のステップの解を求めるので，誤差が蓄積していくこととなり，今回のケースでも収束には至らなかった．

表 7.10　張力値の差（絶対値）と累積誤差（単位 kN）

		重錘衝突位置からの距離					累積誤差
		1.5 m (V-5, V-6)	4.5 m (V-4, V-7)	7.5 m (V-3, V-8)	10.5 m (V-2, V-9)	13.5 m (V-1, V-10)	
平滑化区間	0	3.1	0.6	0.1	1.3	0.9	6.0
	10	1.8	0.6	0.3	1.5	1.5	5.6
	20	2.0	0.8	0.6	0.4	3.1	6.9
	30	1.3	0.9	0.2	0.1	2.8	5.2
	40	1.1	1.1	0.3	0.4	1.9	4.8
	50	1.0	1.4	0.3	0.1	2.0	4.8

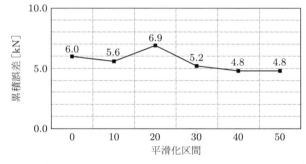

図 7.15　平滑化区間別累積誤差

(iv) 最適な平滑化区間

平滑化区間の検討の結果，以下のことがわかった．

1) 表 7.9，図 7.14 より，平滑化により張力値は減少し，減少率は重錘衝突位置から離れるほど大きいことがわかる．これは，端部ほど変形が小さく，荷重が作用している時間が短いためと考えられる．

2) 表 7.3，図 7.15 より，解析モデルが対称であっても解析結果は完全に対称にはならず，平滑化区間を大きくしても累積誤差は収束せず，若干の差異が発生することがわかる．これは，計算ステップを繰り返す陽解法特有の誤差の蓄積と考えられ，解析ソフトの仕様限界である．

解析結果を過小評価しないよう，サンプリング数に対して適切な平滑化区間を設定する必要がある．サンプリング間隔 2 ms (2×10^{-3} s) では，張力値の減少率が少なく，ある程度累積誤差を小さくできる，平滑化区間 10 が最適であると考える．

(5) 最適要素サイズの検討
(i) 要素サイズの細分化

解析データの計算精度は，要素サイズに大きく左右される．精度の高い解析データを得るためには，要素を可能な限り細分化し，解析モデルを連続体に近づける必要がある．一方で，細分化によって要素数が増えると，解析時間が長時間となり非効率になる．ここでは，解析データの計算精度を確認するため，Model-3 における金網について，図 7.16 に示すように要素サイズを徐々に細分化し，応答と解析時間の変化を相対的に比較することで，最適要素サイズを検討する．SHELL(L) とは，シェル要素の 1 辺が L [mm] であることを意味する．

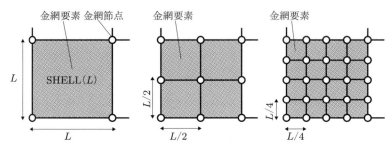

図 7.16　要素サイズ細分化概要

(ii) 検討結果

要素サイズ別の金網応力の時間変化を図 7.17，金網応力最大値の増加率と解析に要した時間を図 7.18 に示す．要素サイズを細分化すると金網応力最大値は増加する傾向にあるが，SHELL(31.25) では金網応力値が大きく減少する．解析に要した時間は，SHELL(125) を基準にすると SHELL(62.5) で 7.1 倍，SHELL(31.25) で 66 倍である．

縦ワイヤロープ最大張力の検討結果を図 7.19 に示す．横軸は防護網の延長であり，解析モデルを平面的な視点でみた結果である．重錘衝突位置から離れる場合，要素サイズにより張力値にばらつきがみられる．重錘衝突位置の近傍では，SHELL(62.5)，SHELL(31.25) で張力値が小さく，ほか 3 ケースの張力値ではほぼ同値であった．

横ワイヤロープ最大張力の検討結果を図 7.20 に示す．縦軸は防護網の高さであり，解

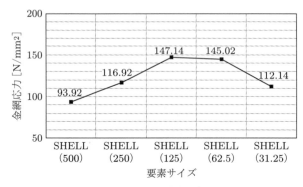

図 7.17　要素サイズ別の金網応力

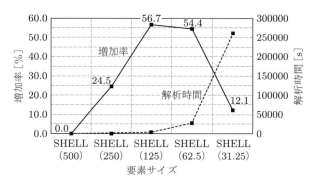

図 7.18　金網応力最大値の増加率と解析時間

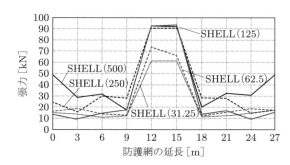

図 7.19　要素サイズ別の縦ワイヤロープ最大張力

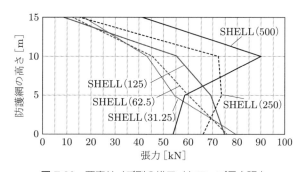

図 7.20　要素サイズ別の横ワイヤロープ最大張力

析モデルを断面的な視点でみた結果である．要素サイズを細分化すると，重錘衝突位置より下側のワイヤロープに大きな張力が発生する傾向がある．重錘は上段と 2 段目の間に衝突しており，SHELL(500) では 2 段目，SHELL(250) では 3 段目，SHELL(125)，SHELL(62.5)，SHELL(31.25) では下段に大きな張力が発生している．

(iii) 最適要素サイズ

要素サイズ検討の結果，以下のことがわかった．

1) 図 7.17 より，金網の要素サイズを細分化すると金網応力は増加するが，ある一定の要素サイズで増加が収束することがわかる．検討した五つの要素サイズのなかでは，SHELL(62.5) が相対的に最も精度が高い結果であると考えられる．

2) 図 7.18 より，要素サイズを細かくすると，解析時間が増加し解析精度も低下する

ことがわかる．

3) 図7.19より，縦ワイヤロープでは要素サイズに応じて張力値が相対的に変化することがわかる．

4) 図7.20より，横ワイヤロープでは大きな張力が発生する箇所が変化することがわかる．

これらのことから，効率的，かつ検討した要素サイズのなかで現実的な解析時間のもとで，相対的に精度の高い解析結果を得られていると考えられる，SHELL(62.5)を最適要素サイズとする．

7.5 動的応答解析による衝撃性能評価

7.5.1 検討ケース1

水平4辺固定モデル(Model-1)と水平3辺固定モデル(Model-2-①)の比較検討の結果を示す．

(1) 応答の比較

横ワイヤロープの最大張力の比較結果を図7.21に示す．Model-1の張力を基準にするとModel-2-①では33～85%程度増加する．Model-1の張力値は重錘衝突位置を中心に対称であるが，Model-2-①ではフリーとなった端部側の張力(112.0 kN)が固定端の張力(77.8 kN)よりも44%大きい．横ワイヤロープ4本に作用する張力の合計は，Model-1の286.4 kNに対し，Model-2-①で458.1 kNと160%程度増加する．

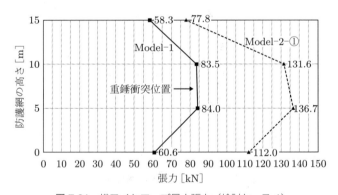

図7.21 横ワイヤロープ最大張力（検討ケース1）

縦ワイヤロープの最大張力の比較結果を図7.22に示す．Model-1の張力を基準にするとModel-2-①では60～90%程度減少する．縦ワイヤロープ10本に作用する張力の合計は，Model-1の818.8 kNに対しModel-2-①で169.9 kNと80%程度減少する．

金網変形量の比較を図7.23に示す．Model-1に比べModel-2-①では，金網変形量が大きいことがわかる．重錘衝突位置ではModel-1の176 cmに対し，Model-2-①では347 cmと97%程度増加する．端部をフリーにした側では，Model-1がほとんど変形し

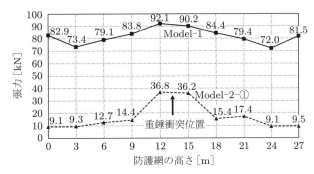

図 7.22 縦ワイヤロープ最大張力（検討ケース 1）

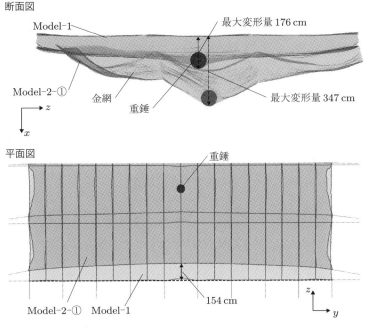

図 7.23 金網変形量の比較（検討ケース 1）

ていないのに対し，Model-2-① では最大で 154 cm 重錘衝突位置方向に引き込まれる．

(2) 構造的特徴と評価

水平 4 辺固定モデル (Model-1) と水平 3 辺固定モデル (Model-2-①) の解析結果より，以下のことがわかる．

1) 金網とワイヤロープで構成した単純モデルの場合，縦および横ワイヤロープの設置間隔や配置本数が等しく，それぞれ端部が固定されているため，張力値は理論的には対称となり，解析結果もおおむね対称である．これは，重錘衝突時の衝撃力が，金網を介し各ワイヤロープに均等に伝達されているためと考えられる．

2) 4 辺固定の場合，横ワイヤロープ 4 本に作用する張力の合計 286.4 kN に対し，縦ワイヤロープ 10 本に作用する張力合計は 818.8 kN と，約 2.9 倍である．縦ワイヤロープの設置本数は横ワイヤロープの 2.5 倍であり，縦ワイヤロープに大きな

張力が発生していることがわかる．1本あたりの平均張力で比較すると，横ワイヤロープの 71.6 kN に対し，縦ワイヤロープは 81.9 kN と約 1.14 倍である．縦ワイヤロープの設置間隔は横ワイヤロープの 0.6 倍であり，設置間隔が小さいワイヤロープにはより大きな張力が発生していることが考えられる．これは 7.2.2 項での事前予測と合致する．

3) 4辺固定から 3辺固定になった場合，横ワイヤロープ 4本に作用する張力の合計 458.1 kN に対し，縦ワイヤロープ 10 本に作用する張力合計は 169.9 kN と約 0.37 倍である．1本あたりの平均張力で比較すると，横ワイヤロープの 114.5 kN に対し，縦ワイヤロープは 17.0 kN と約 0.15 倍である．これは，端部をフリーにした縦ワイヤロープに伝達されなかった重錘衝突時の衝撃力を，両端固定した横ワイヤロープで受け持っているためと考えられる．これは 7.2.2 項での事前予測と合致する．また，重錘衝突位置の変形量が大きくなるのは，端部をフリーにした側の金網が重錘衝突位置方向に引き込まれるためと考えられる．

4) 3辺固定の場合，下端の横ワイヤロープに作用する張力 112.0 kN は，上段の横ワイヤロープに作用する張力 77.8 kN と，近傍の縦ワイヤロープに作用する張力 36.2 kN の和 114.0 kN とほぼ等しい．これは，固定端側の上段横ワイヤロープに比べ，端部をフリーにした側の下端横ワイヤロープに大きな張力が発生するのは，張力のバランスを保っているためと考えられる．

5) 縦ワイヤロープと横ワイヤロープ張力の合計は，Model-1 の 1105.2 kN に対し Model-2-① で 628.0 kN と 43%程度減少する．3辺固定は，4辺固定よりも固定点が少ないが，金網変形量が大きいため衝撃力が緩和され，ワイヤロープ張力が全体的に減少すると考えられる．

7.5.2 検討ケース 2

水平 3辺固定モデル (Model-2-②) と鉛直 3辺固定モデル (Model-3) の比較検討の結果を示す．

(1) 応答の比較

横ワイヤロープの最大張力の比較結果を図 7.24 に示す．Model-2-② では重錘衝突位置に近い箇所で張力が最大 (136.2 kN) となり，Model-3 では重錘衝突位置から離れた箇所で張力が最大 (75.7 kN) となった．Model-2-② の張力を基準にすると，Model-3 では 35〜84%程度減少する．横ワイヤロープ 4本に作用する張力の合計は，Model-2-② の 443.9 kN に対し，Model-3 で 193.3 kN と 56%程度減少する．

縦ワイヤロープの最大張力の比較結果を図 7.25 に示す．Model-2-② の張力を基準にすると，Model-3 では 23〜130%程度増加する．縦ワイヤロープ 10 本に作用する張力の合計は，Model-2-② の 174.1 kN に対し，Model-3 で 265.5 kN と 53%程度増加する．

金網変形量の比較を図 7.26 に示す．Model-2-② に比べ，Model-3 では重錘衝突位置

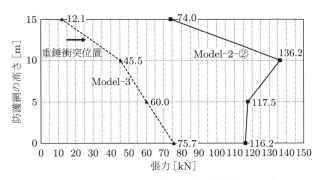

図 7.24 横ワイヤロープ最大張力（検討ケース 2）

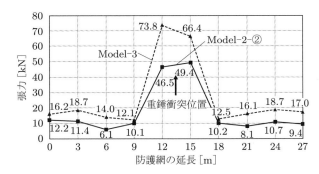

図 7.25 縦ワイヤロープ最大張力（検討ケース 2）

の変形量が小さく，金網全体の挙動が抑えられていることがわかる．重錘衝突位置では，Model-2-② の 335 cm に対して，Model-3 は 171 cm と 49%程度減少する．端部をフリーにした側では，Model-2-② の 163 cm に対し，Model-3 では 113 cm と 31%程度減少する．

部材発生エネルギーと変形量の関係を図 7.27 に示す．部材発生エネルギーとは，金網やワイヤロープなどの解析モデルを構成する全部材に発生した運動エネルギーと内部エネルギーの和である．部材発生エネルギーと変形量を比較すると，曲線立ち上がり時の傾きやピーク値に達する時間が類似していることがわかる．Model-3 の部材発生エネルギーは，重錘エネルギー 100 kJ に対しおおよそ 100 kJ とエネルギー収支のバランスはよいが，Model-2-② では 176 kJ と 76%増加する．

各部材に発生するエネルギーの最大値を表 7.11，各部材運動エネルギーを図 7.28，内部エネルギーを図 7.29 に示す．Model-2-② を基準にすると，Model-3 ではワイヤロープに発生する運動エネルギーが 66%程度，内部エネルギーが 80%程度減少する．金網に発生する運動エネルギーが 30%程度，内部エネルギーが 48%程度減少する．

(2) 構造的特徴と評価

水平 3 辺固定モデル (Model-2-②) と鉛直 3 辺固定モデル (Model-3) の解析結果より，以下のことがわかる．

1) 金網を水平に設置する場合，重錘衝突位置の変形量や金網全体の挙動が大きくな

168 ◆ 第7章 落石防護工の性能評価における動的応答解析の活用と展望

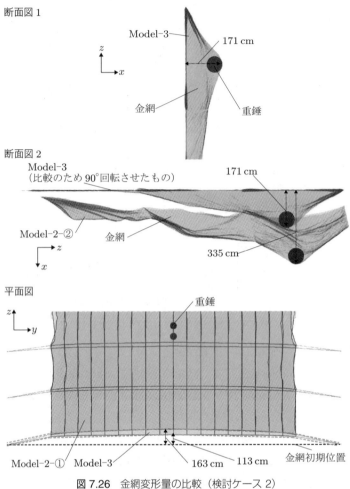

図 7.26 金網変形量の比較（検討ケース 2）

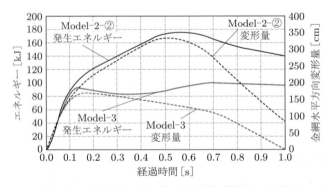

図 7.27 部材吸収エネルギーと変形量（検討ケース 2）

表 7.11 部材エネルギー最大値（検討ケース 2）

検討ケース 2	金　網		ワイヤロープ	
	運　動	内　部	運　動	内　部
Model-2-②	81.7 kJ	54.9 kJ	15.4 kJ	56.3 kJ
Model-3	57.0 kJ	28.6 kJ	5.2 kJ	11.5 kJ
変化率	−30.2%	−47.9%	−66.2%	−79.6%

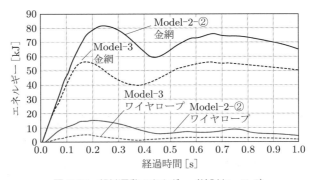

図 7.28　部材運動エネルギー（検討ケース 2）

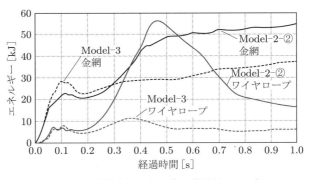

図 7.29　部材内部エネルギー（検討ケース 2）

る．Model-2-② の重錘エネルギーに変形量から重錘衝突後に増加した位置エネルギーを加算すると 116.4 kJ 程度であり，部材に発生したエネルギーは 176 kJ と差異が大きい．金網は重錘と一体となって変形することから，重錘の重量に金網の重量 25.4 kN（設置面積 405 m^2）が加わり，入力エネルギーに対して部材に発生するエネルギーが増加したと考えられる．Model-2-② のワイヤロープに大きな張力が発生していることから，金網を水平に設置することは構造的に不利であると考えられる．

2) 金網設置方向を水平から鉛直にする場合，衝突位置近傍の 2 本の縦ワイヤロープに作用する張力は平均で 22.2 kN 増加する．金網の総重量が 25.4 kN であることから，重錘衝突直後は衝突位置近傍の 2 本の縦ワイヤロープで金網の重量を支持していると考えられる．縦ワイヤロープの張力が増加したことで横ワイヤロープに作用する張力が減少し，ワイヤロープ全体でバランスが保てたと考えられる．

これは 7.2.2 項での事前予測と合致する．

3) ポケット式落石防護網は，横ワイヤロープの間隔が 5.0 m に対して，金網を支持する縦ワイヤロープの間隔が 3.0 m と小さく，通常高さ方向よりも延長方向に長く施工されるため本数も多い．設置間隔の違いによりワイヤロープに作用する張力がほぼ等しくなり，応力バランスはよい．

7.5.3 検討ケース 3

鉛直 3 辺固定モデル (Model-3) と緩衝装置付き鉛直 3 辺固定モデル (Model-4) の比較検討の結果を示す．

(1) 応答の比較

横ワイヤロープの最大張力の比較結果を**図 7.30**，縦ワイヤロープの最大張力比較結果を**図 7.31** に示す．Model-4 では各固定点に設けた緩衝装置がワイヤロープに作用する荷重を 20 kN 程度に抑制している．

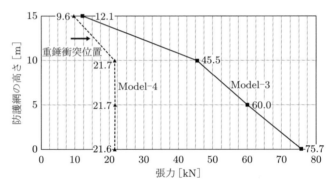

図 7.30 横ワイヤロープ最大張力（検討ケース 3）

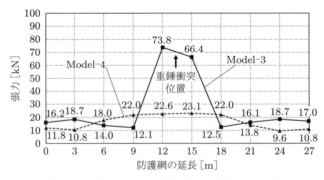

図 7.31 縦ワイヤロープ最大張力（検討ケース 3）

金網の水平方向変形量を**図 7.32**，**7.33** に示す．Model-3 の 171 cm に対し，Model-4 では 197 cm と 15 %程度増加する．Model-3 に比べ Model-4 では，重錘衝突位置の金網変形量は大きいが，変形範囲は小さくなっている．

各部材に発生するエネルギーの最大値を**表 7.12**，各部材運動エネルギーを**図 7.34**，内

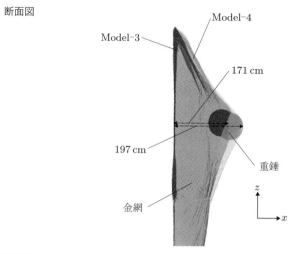

図 7.32 金網変形量の比較（検討ケース 3）①

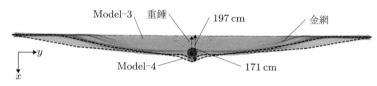

図 7.33 金網変形量の比較（検討ケース 3）②

表 7.12 部材エネルギー最大値（検討ケース 3）

検討ケース 3	金 網		ワイヤロープ		緩衝装置		その他	
	運 動	内 部	運 動	内 部	運 動	内 部	運 動	内 部
Model-3	57.0 kJ	28.6 kJ	5.2 kJ	11.5 kJ	—	—	0.0 kJ	3.3 kJ
Model-4	39.4 kJ	22.7 kJ	7.5 kJ	5.6 kJ	—	29.0 kJ	0.0 kJ	3.6 kJ
変化率	−30.9%	−20.6%	44.2%	−51.3%	—	—	—	9.1%

部エネルギーを図 7.35 に示す．Model-3 を基準にすると，Model-4 ではワイヤロープに発生する運動エネルギーが 44% 程度増加し，内部エネルギーが 51% 程度減少する．金網に発生する運動エネルギーが 31% 程度，内部エネルギーが 21% 程度減少する．緩衝装置には 25～30 kJ 程度の内部エネルギーが発生しており，これは重錘エネルギーの約

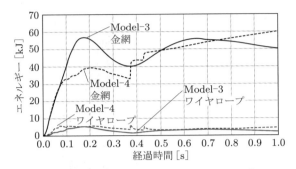

図 7.34 部材運動エネルギー(検討ケース 3)

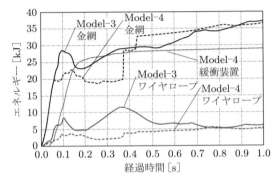

図 7.35 部材内部エネルギー(検討ケース 3)

30%を占める.

(2) 構造的特徴と評価

鉛直 3 辺固定モデル(Model-3)と緩衝装置付き鉛直 3 辺固定モデル(Model-4)の解析結果より,以下のことがわかる.

1) 緩衝装置はワイヤロープ張力を抑制し,スリップすることで重錘エネルギーの 30%程度を吸収する.
2) 緩衝装置の効果で重錘衝突位置周辺の金網の変形量は大きくなるが,金網の運動エネルギーは減少する.これは,金網の変形速度が減少しているためと考えられる.金網の内部エネルギーも減少しているが,緩衝装置の効果で応力が減少しているためと考えられる.

7.6 まとめ

7.6.1 設定条件やパラメータについて

はじめに,解析ソフトを用いてポケット式落石防護網の動的応答解析を行う場合に必要な設定条件や,解析結果に影響を及ぼすと考えられるパラメータについて検討を行った.その結果,以下の知見が得られた.

1) 要素タイプは，モデル化する部材の形状や変形特性に応じて選択することが望ましい．ポケット式落石防護網において，ワイヤロープおよび支柱では梁要素，金網ではシェル要素，重錘ではソリッド要素，緩衝装置では梁要素を用いてモデル化し，重錘衝突時の挙動を再現することができた．接触条件はマスターとスレーブを区別せず入れ替えて2回処理を行う2方向接触処理タイプとし，セグメントどうしで接触判定を行う設定とした．ただし，めり込みや貫通現象など，実際には発生しない現象が解析において発生していないかを確認する必要がある．拘束条件はモデル化する部材の固定状況にあわせて設定することが望ましい．ポケット式落石防護網ではアンカーや支柱下端部において適切な設定が必要である．減衰条件は考慮しなかったが，考慮する場合は明確な根拠を示し，解析結果に与える影響を把握する必要がある．

2) 有限要素解析では，要素分割が細かいほど精度が高いとされているが，SHELL(31.25)ではSHELL(62.5)に比べて金網応力が23%程度減少していることから，要素分割を細かくしすぎると解析精度が低下する傾向がみられた．陽解法における時間増分Δtは要素サイズから決定されることから，要素サイズが小さくなると，時間増分Δtが小さくなりステップ数が増加する．ステップ数が増加したことによる誤差の蓄積が，解析精度の低下につながったと考えられる．今回の解析モデルではSHELL(62.5)を最適要素サイズとしたが，基本条件が異なれば最適要素サイズも異なることが予想される．精度の高い結果を得るため，基本条件において要素サイズが解析結果に及ぼす影響を事前に検討する必要がある．

3) 金網をシェル要素でモデル化する場合，要素分割数によってワイヤロープに作用する張力値や発生位置のバランスが変化する．要素分割数が解析結果に及ぼす影響を事前に把握する必要があり，一つの解析モデルで得た結果が正しいと判断するのは危険である．

4) 最適平滑化区間の検討では，衝突位置からの離れによって平滑化による張力値の減少率が異なるため，解析結果を過大・過小評価しないよう，サンプリング数と平滑化区間が結果に与える影響を把握する必要がある．

7.6.2 ポケット式落石防護網のエネルギー吸収機構

次に，ポケット式落石防護網特有のエネルギー吸収機構を推定するため，4辺固定から3辺固定，水平設置から鉛直設置と段階的に構造を変化させながら結果を比較した．その結果，以下の知見が得られた．

1) 表7.13に示すように，実際のポケット式落石防護網の構造を想定したModel-3では，Model-1やModel-2-①，Model-2-②と比べて張力が小さい上，均衡しており，変形量も小さいことがわかった．つまり，Model-1からModel-2-①では，固定点が少なくなり，固定位置も偏るため張力や変形量は増加するが，Model-2-②からModel-3では，張力や変形量は，Model-1より減少する．また，緩衝装置を

考慮したModel-4は，変形はやや増えるものの張力はかなり小さく緩衝装置の効果が現れている．

2) 金網を水平に設置したモデルとの比較（検討ケース2）より，金網を鉛直に設置するポケット式落石防護網では，金網重量を支持する縦ワイヤロープ張力と，衝撃力の作用によって横ワイヤロープに発生する張力が均衡するため張力は小さくなる．また，重錘と金網が衝突後一体となって水平方向へ変形するため，重錘の衝撃によってもたらされる金網の落下運動エネルギーが加わらない．これらの点が落石を捕捉するうえで構造的に有利となっていると考えられる．

3) 緩衝装置の設置により部材に作用する応力が小さくなり，既往の実験結果[3]と傾向は合致する．エネルギー内訳では，内部エネルギーが減少し，金網の変形速度が小さくなるため，運動エネルギーも減少する．構造物にとって応力的に余裕が増えるため，緩衝装置がない場合に比べ，構造的に有利となり，性能の向上につながる．

表7.13 モデルごとの応力・変形量の推移

	Model-1	Model-2-① / Model-2-②	Model-3	Model-4
縦ワイヤロープ張力	92 kN	37 kN / 49 kN	74 kN	23 kN
横ワイヤロープ張力	84 kN	137 kN / 136 kN	76 kN	22 kN
金網変形量	176 cm	347 cm / 335 cm	171 cm	197 cm

7.6.3 動的応答解析の活用の展望

動的応答解析を用いて高い精度でポケット式落石防護網の性能を評価するためには，必要な設定条件やパラメータを決定する根拠について事前に十分検討することが重要である．たとえば，シェル要素サイズを変えることで金網の応力結果が大きく変化するだけではなく，直接的には関係のないワイヤロープ張力の絶対値や相対的なバランスが変化することからわかるように，結果に大きく影響する設定条件やパラメータの感度を十分に理解する必要がある．つまり，事前検討が不十分で実規模性能実験を動的応答解析で再現しようとすると，各設定条件やパラメータの感度のばらつきを理解しないまま結果だけの整合性を求めるようになる可能性がある．そこで，実規模性能実験を解析で再現し，さまざまな基本条件（防護網の規模，重錘のエネルギー）や衝突現象（金網に対する重錘入射角度の違い，端部やスパン中央以外の衝突位置での検討）に対応するために，設定条件やパラメータの感度の結果に及ぼす影響を追及し，実規模性能実験を行わなくても信頼性や精度の高い衝突現象や応答の再現を可能とする解析を目標とすべきである．本章がポケット式落石防護網の性能評価において設定条件やパラメータを議論す

る機会となり，落石防護網のように大変形を許容する構造物の土木構造物解析技術進展の一助となることを期待する．

参考文献

[1] 日本道路協会：落石対策便覧，2017．
[2] 神鋼鋼線工業(株)：神鋼鋼線のワイヤロープ No. 23．
[3] 窪田潤平，中村浩喜，吉田博：特殊ひし形金網および緩衝金具を配置した落石防護網の実斜面実験について，構造工学論文集，Vol. 54A，pp. 17–21，2008．
[4] K. Gieck：工学公式ポケットブック，Z7，2005．

第8章 落石対策における今後の課題

8.1 落石条件の設定方法における課題

本書の第I部では，以下の3項目に示す落石条件の設定方法の課題について提案した．
① 落石運動エネルギーの推定方法
② 平坦斜面における落石跳躍量の予測方法
③ 凹凸斜面における落石跳躍量の予測方法

「落石防護対策の落石調査・設計方法および工法選定に関する実態調査」[1] において，これらの3項目は，重要な問題点として取り扱われている．つまり，一律に使用されている落下高さ40m，跳躍量2mという設計条件については，その数値に対する妥当性の検証を行うことが望まれていた．本書では，運動エネルギー推定の重要性を踏まえつつ，跳躍量の予測を誤ると堅固な防護工を構築しても落石を捕捉できず災害を抑止できないという考え方から，跳躍量の予測方法では跳躍と地形について十分に配慮した提案を行った．

また，落石の運動は一律ではないため，本書の提案はもとより，落石シミュレーションを活用するなどして，総合的に勘案して落石条件を決定することが重要である．落石シミュレーションの活用では，現時点では，二次元解析が主流であるが，落石の運動では地形的ファクターが大きいことが知られているため，三次元解析の活用が望まれる．

たとえば，図 8.1 に示すように，落石危険地域に対して，現地調査により斜面上の浮石や転石の分布状況を把握し，その結果を踏まえて，三次元シミュレーションにより，落石の三次元軌跡図とその際の落下経路における落石運動エネルギーの分布状況を把握することができる．その結果から対象地域における落石リスクに関するハザードマップを作成することができる．これにより，より効果的で効率的な落石対策の検討を行うことができるものと考える[2]．

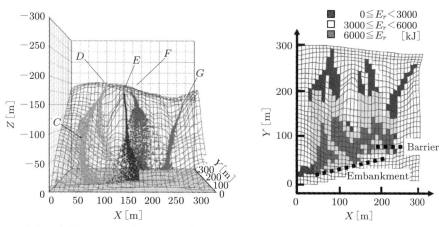

（a）対象斜面における落石の三次元軌跡図　　（b）解析結果より作成したハザードマップ

図 8.1 落石危険地域に対する落石ハザードマップの作成例[1]

8.2 将来的に想定される課題

8.2.1 要求性能設定における課題

平成 29 年版便覧では，要求性能 1〜3 の採用は，重要度より落石条件や現場条件によって決まるとされている．斜面災害におけるリスク評価は，災害規模とその発生確率，そして，その災害による損失額を算定することになる．これを落石の場合に当てはめてみると，落石リスクは，次のように定義できる．

$$R_r = P_r \cdot P_t \tag{8.1}$$

ここに，P_r：落石発生源における発生確率，P_t：落石が保全対象に到達する確率である．

ここで，安全とは，ISO/IEC Guide5 によれば「受容できないリスクがないこと」と定義されている[3]．危害（不利益）のレベルが極めて少ない状態あれば，それを安全な状態であるとしていることになる．一方，リスクは「危害の発生確率およびその危害の程度の組み合わせ」と定義されている．落石に対する安全性を論じるときにも，同じ考え方が利用できると考えられる．

安全に対する考え方としては，リスクは合理的に達成可能な限りできるだけ低くしなければならないという ALARP 原理 (As Low As Reasonable Practical) などが知られている[4]．合理的に達成可能な限りということは，リスクを無限に小さくするためには，一般には労力と資金が無限に必要であるということに基づいている．この原理では，非常に高いリスクは当然避けられるべきと考えるが，ゼロではないあるリスク以下は許容可能と考える．この許容可能領域は ALARP 領域とよばれている（**図 8.2**）．

この許容可能領域のレベルは，国の違い，社会情勢や経済状況あるいは設定する人の

---

1) H. Masuya, K. Amanuma, Y. Nishikawa, T. Tsuji: Basic rockfall simulation with consideration of vegetation and application to protection measure, Natural Hazards and Earth System Sciences Vol. 9, pp. 1835–1843, 2009. (CC BY 3.0)

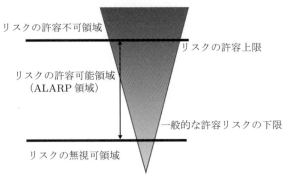

図 8.2　リスク領域 (ALARP) の概念

考えによっても変わるものと考えられる．

要求性能の設定にあたっては，このような考え方も取り入れて，リスクの許容レベルを設定し，リスクをそのレベルまで下げるように防護対策することで合理的な設計が行えるのではないかと考えられる．以上のように，要求性能の設定に関してリスク評価を勘案するなど，多面的な視野からのアプローチが課題となると推測される．

8.2.2　変形する落石防護工における道路空間の安全性確保の課題

ポケット式落石防護網や落石防護柵は，落石の衝突に対して大きく変形することでエネルギーを吸収する．ポケット式落石防護網の主な変形箇所は，図 8.3 に示すように，阻止面上端と衝突部付近，下端部である．とくに，衝突部付近および下端部が大きく変形した場合，道路空間や通行車両，歩行者に悪影響を及ぼす可能性がある．平成 29 年版便覧では，道路空間の安全性確保について記載されているが，建築限界という具体的な表現では用いられていない．したがって，落石対策の計画時，道路空間の安全性に対して行う配慮の詳細は不透明である．今後，課題となる可能性が指摘される．

実験での変位量は，構造体における最小構成および対応可能な最大落石運動エネルギー

 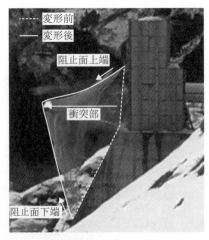

図 8.3　ポケット式落石防護網の主な変形箇所

時のものである．現地設置条件と実験条件が一致しない場合，実験で実証した性能が現地でも担保できることを適切な手法で示す必要がある．数値解析的手法はその一つであるが，複数の実験結果との比較検証などによって，信頼性を十分に検証する必要がある．ただし，この場合，同一吸収エネルギータイプごとに行うことが条件となる．

道路空間の安全性を確保するための設計上の配慮として，たとえば，図8.4に示すようなケースでは，落石作用時の変形が道路空間に影響しないよう捕捉位置を計画することは可能である．しかし，対策の必要がない範囲までポケット式落石防護網を拡張しなければならないことや，アンカー施工のために用地の買収範囲が広がり不経済となるなどの問題が挙げられる．いずれにしても，設置条件によって防護網の変形が道路空間に大きな影響を与えると考えられる場合は，道路空間に近い箇所の変形量を可能な限り抑制する構造にする必要がある．以上のように，道路空間の安全性を確保する詳細な検討について，設計上の課題となると推測される．

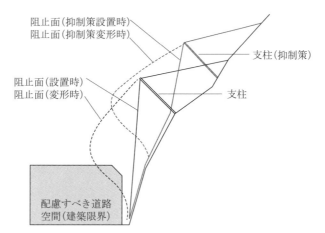

図8.4 変形量の抑止策イメージの例

8.2.3 落石防護工の部材と防護性能に関する課題
(1) 支柱衝突の場合の信頼性

ポケット式落石防護網では，写真8.1に示すように，支柱が落石の衝突を受けて破損する場合が考えられる．便覧では，「何らかの防護対策を行うか，または1本ないし2本破損したとしても全体的な崩壊につながらないような構造にする．」と記載されている．ポケット式落石防護網や一部の落石防護柵は，金網やワイヤロープから構成される阻止面を保持するために，落石の経路となる斜面上に支柱を建てる必要があるため，支柱や支柱を支持するワイヤロープに落石が衝突する可能性がある．

落石対策の必要箇所の延長が短い場合は，平面上の落下の広がりを予測し，落石経路の斜面上に支柱を配置しないなどの対策が可能である．しかし，落石対策の必要箇所の延長が長い場合は，落石経路の斜面上に支柱を配置せざるを得ない．比較的密に支柱を配置する従来型のポケット式落石防護網や落石防護柵に対して，高エネルギー吸収型の

写真 8.1 落石衝突による支柱損傷の事例

　ポケット式落石防護網や落石防護柵は，支柱間隔を大きくとって構造全体で落石運動エネルギーを吸収する特徴がある．支柱本数が少ない場合，落石が支柱に衝突する可能性は小さいが，衝突した場合には，落石防護工の安全性への影響が懸念されるため，支柱衝突後の防護性能の保持が課題となると推測される．

(2) 部材の耐久性

　高エネルギー吸収型落石防護工の代表的な部材の一つに，緩衝装置が挙げられる．緩衝装置の性能は落石防護工のエネルギー吸収性能や落石作用時の変形に大きく影響することから，便覧では，「所定の性能を供用期間内に安定して発揮できることが確認されたものを使用する」と記載がある．

　緩衝装置には，ワイヤロープを構成部材で挟み込むものや，構成部材自体の変形性状を利用したものなど様々なタイプがあるが，ほとんどが鋼材であるため経年劣化は避けられない．一般には，金網やワイヤロープなどの主要部材と同様に，緩衝装置の構成部材にも溶融亜鉛メッキなどの腐食対策が施されており，メッキ付着量や腐食速度から耐用年数が算出できる．**写真 8.2** に示すように，緩衝装置の構成部材に施された溶融亜鉛メッキを施さず，腐食状態の供試体で，部材試験を行って性能の変化を検証しているものもある．腐食に代表されるような劣化により緩衝装置の性能が低下すれば，防護性能への影響が課題となると推測される．

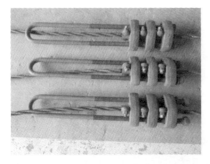 

写真 8.2 腐食した緩衝装置と部材試験の状況

参考文献

[1] 岐阜大学工学部社会基盤工学科地圏マネジメント工学講座（八嶋・沢田研究室）：落石防護対策の落石調査・計方法および工法選定に関する実態調査について，2006.

[2] H. Masuya, K. Amanuma, Y. Nishikawa, T. Tsuji: Basic rockfall simulation with consideration of vegetation and application to protection measure, Natural Hazards and Earth System Sciences Vol. 9, pp. 1835–1843, 2009.

[3] ISO/IEC Guide 51: Safety aspects—Guidelines for their inclusion in standards, 1999.

[4] 向殿政男，宮崎浩一：安全設計の基本概念，日本規格協会，2007.

資料

落石対策便覧の改訂点

1　改訂の概要

　　平成29年12月に改訂された落石対策便覧は，土工指針構造物技術基準や維持管理の分野での新たな法令などへの対応や技術水準の向上，新技術の導入への対応を念頭に改訂された．

　　今回の主な改訂点は，1.4節に示したように，

　① 性能設計の枠組みの導入
　② 従来型構造物の慣用設計法の適用範囲の明確化
　③ 落石防護施設の性能照査としての実験的検証法の記述
　④ 新しい知見などを踏まえた設計法の導入
　⑤ 維持管理の記述の充実

である．ここでは，平成12年版便覧と平成29年版便覧を比較し，追加・変更された事項について整理する．

　　はじめに，全体を概観するため，目次について対比し，**資料表1～7**に示す．なお，削除された見出しは平成12年版便覧側に薄い文字で示し，追加された見出しは平成29年版便覧側に**太字**で記載した．

　　①の性能設計に関する項目としては，第3章で落石対策施設に対する要求性能が整理されており，第5章では，落石防護施設に対する要求性能と限界状態について各防護施設ごとに整理されている．また，②従来からの慣用設計法は，ポケット式落石防護網と落石防護柵，落石防護擁壁について整理されており，③の落石防護施設の性能照査としての実験的検証法は，ポケット式落石防護網と落石防護柵，落石防護擁壁，ロックシェッドについて整理されている．④の新しい知見などを踏まえた設計法については，ロックシェッドにおける塑性変形を考慮した弾塑性設計法について整理されている．⑤の維持管理については，第6章にて各落石対策施設の維持管理上の着目点が示されている．次節からは，設計上，とくに留意すべき改訂点について整理する．

資料表1 目次対比表(第1章)

平成12年版便覧		平成29年版便覧	
第1章 概 説	1	第1章 概 説	1
1-1 落石対策便覧の目的および概要	1	1-1 落石対策便覧の目的および概要	1
1-2 適用上の留意事項	3	1-2 適用上の留意事項	3
1-3 用語の解説	5	1-3 用語の解説	5
1-4 落石の発生源	6	1-4 落石の発生源	7
1-4-1 落石の素因と誘因	6	1-4-1 落石の素因と誘因	7
1-4-2 落石の発生形態	7	1-4-2 落石の発生形態	8
1-5 落石の運動機構	9	1-5 落石の運動機構	10
1-5-1 落石の運動形態	9	1-5-1 落石の運動形態	10
1-5-2 落石の落下速度	10	1-5-2 落石の落下速度	12
1-5-3 落石の跳躍量	12	1-5-3 落石の跳躍量	13
1-5-4 落石の運動エネルギー	16	1-5-4 落石の運動エネルギー	17
1-5-5 落石による衝撃力	20	1-5-5 落石による衝撃力	22

資料表2 目次対比表(第2章)

平成12年版便覧		平成29年版便覧	
第2章 調 査	25	第2章 調 査	29
2-1 調査の目的と手順	25	2-1 調査の目的と手順	29
2-2 概 査	28	2-2 概 査	32
2-2-1 概査の目的と手順	28	2-2-1 概査の目的と手順	33
2-2-2 概査の手法と項目	31	2-2-2 概査の手法と項目	36
2-2-3 概査結果の整理	45	2-2-3 概査結果の整理	50
2-2-4 安定度の判定	46	2-2-4 安定度の判定	51
2-3 精 査	46	2-3 精 査	52
2-3-1 精査の目的と手順	46	2-3-1 精査の目的と手順	52
2-3-2 第1次精査の手法と検討項目	50	2-3-2 **第1次精査**	56
2-3-3 第2次精査の手法と検討項目	60	2-3-3 **第2次精査**	67
2-3-4 観測および検知	63	2-3-4 観 測	70
2-3-5 対策方針の検討	63	2-3-5 対策方針の検討	71

資料表3 目次対比表(第3章)

平成12年版便覧		平成29年版便覧	
第3章 計 画	67	第3章 計 画	75
3-1 落石対策の基本的な考え方	67	3-1 落石対策の基本的な考え方	75
3-1-1 概 説	67	3-1-1 概 説	75
3-1-2 施設による対策	68	3-1-2 施設による対策	76
3-1-3 通行規制による対策	70	3-1-3 通行規制による対策	78
3-2 落石対策工の計画と工種の選定	71	3-2 落石対策工の計画と工種の選定	79
3-2-1 概 説	71	3-2-1 概 説	79
3-2-2 落石の到達位置と被害	72	3-2-2 **落石経路と到達範囲**	80
3-2-3 落石予防工の特性	75	3-2-3 落石予防工の**種類と**特性	82
3-2-4 落石防護工の特性	83	3-2-4 落石防護工の**種類と**特性	91
3-2-5 落石対策工の選定	91	3-2-5 落石対策工の選定	98
		3-3 **落石対策施設の要求性能**	103
		3-3-1 落石対策施設の設計における配慮事項	103
		3-3-2 落石対策施設の要求性能	104

資料表 4　目次対比表（第 4 章）

平成 12 年版便覧			平成 29 年版便覧		
第 4 章	落石予防工の設計	97	第 4 章	落石予防施設の設計	107
4-1	設計の一般的事項	97	4-1	設計の一般的事項	107
4-2	切土工	100	4-2	切　土	110
			4-3	除　去	111
4-3	接着工	103	4-4	接　着	112
4-4	ワイヤロープ掛工	104	4-5	ワイヤロープ掛	112
			4-6	ロープ伏せ	114
4-5	グラウンドアンカー工	106	4-7	グラウンドアンカー	115
4-6	ロックボルト工	109	4-8	ロックボルト	120
4-7	根固め工	112	4-9	根固め	122
4-8	植生工	115	4-10	植　生	124
4-9	排水工	115	4-11	排水施設	124
4-10	編柵工	116	4-12	編　柵	126
4-11	吹付工	119	4-13	吹　付	127
4-12	張　工	123	4-14	張	129
4-13	のり枠工	124	4-15	のり枠	130
4-14	落石防護網工	126	4-16	覆式落石防護網	131
4-15	擁壁工	126	4-17	擁　壁	137

資料表 5　目次対比表（第 5 章）

平成 12 年版便覧			平成 29 年版便覧		
第 5 章	落石防護工の設計	129	第 5 章	落石防護施設の設計	139
5-1	設計の一般的事項	129	5-1	設計の一般的事項	139
			5-1-1	設計の基本方針	139
			5-1-2	想定する作用	140
			5-1-3	落石防護施設の要求性能	142
			5-1-4	性能の照査	145
			5-1-5	落石防護施設の限界状態	146
			5-1-6	照査方法	147
			5-1-7	設計指針等について	149
5-2	荷　重	130	5-2	荷　重	150
5-2-1	荷重の種類	130	5-2-1	荷重の種類	150
5-2-2	荷重の組合せ	131	5-2-2	荷重の組合せ	151
5-2-3	衝撃荷重に対する設計方法	132	5-2-3	自　重	151
			5-2-4	落石の影響	152
			5-2-5	地震の影響	152
			5-3	使用材料	153
			5-4	許容応力度	153
5-3	落石防護網	132	5-5	ポケット式落石防護網	153
5-3-1	設計の考え方	132	5-5-1	ポケット式落石防護網の種類と一般的事項	154
5-3-2	覆式落石防護網の設計	133	5-5-2	設計の考え方と手順	155
5-3-3	ポケット式落石防護網の設計	137	5-5-3	作用荷重	157
			5-5-4	限界状態および照査	158
			5-5-5	実験による性能検証	159
			5-5-6	慣用設計法	161

資料表 5（続き）　目次対比表（第 5 章）

平成 12 年版便覧			平成 29 年版便覧		
			5-5-7	アンカーの強度	168
			5-5-8	構造細目	169
5-4	落石防護柵	146	5-6	落石防護柵	170
5-4-1	落石防護柵の種類と一般的事項	146	5-6-1	落石防護柵の種類と一般的事項	170
5-4-2	設計の考え方	149	5-6-2	設計の考え方と手順	172
			5-6-3	防護柵高さの設定	175
5-4-3	荷　重	152	5-6-4	作用荷重	177
5-4-4	許容最大変位量および可能吸収エネルギー	153	5-6-5	限界状態および照査	179
			5-6-6	実験による性能検証	181
			5-6-7	慣用設計法（防護柵）	182
			5-6-8	慣用設計法（基礎）	188
5-4-5	構造細目	158	5-6-9	構造細目	192
5-4-6	種別の選定	159			
5-4-7	基礎の設計	159			
5-5	落石防護棚	163	5-7	落石防護棚	194
			5-7-1	落石防護棚の種類と一般的事項	194
			5-7-2	設計の考え方と手順	195
5-6	落石防護擁壁	163	5-8	落石防護擁壁	195
5-6-1	設計の考え方	163	5-8-1	落石防護擁壁の種類と一般的事項	195
5-6-2	落石衝突時の擁壁の安定に対する検討	164	5-8-2	設計の考え方と手順	196
			5-8-3	荷重の組合せ	198
			5-8-4	限界状態および照査	198
			5-8-5	実験による性能検証	200
			5-8-6	落石防護擁壁の高さの設定	200
			5-8-7	落石防護擁壁の安定に対する慣用設計法	200
5-6-3	常時，堆積時，地震時の擁壁の安定に対する検討	172	5-8-8	常時，地震時，堆積時の擁壁の安定に対する検討	209
5-6-4	落石防護擁壁本体の設計	173	5-8-9	落石防護擁壁本体の設計	209
5-6-5	構造細目	174	5-8-10	構造細目	210
5-7	ロックシェッド	175	5-9	ロックシェッド	211
5-7-1	設計の考え方	175	5-9-1	ロックシェッドの種類と一般事項	211
5-7-2	ロックシェッドの種類	176			
5-7-3	荷　重	177	5-9-2	設計の考え方と手順	218
5-7-4	使用材料および許容応力度	193	5-9-3	作用荷重	219
5-7-5	構造計算	193	5-9-4	限界状態および照査	232
			5-9-5	実験による性能検証	233
			5-9-6	解析による性能検証	234
5-7-6	構造細目	198	5-9-7	構造細目	238
5-8	落石防護土堤および溝	203	5-10	落石防護土堤および溝	243
5-8-1	設計の考え方	203	5-10-1	設計の考え方	243
5-8-2	形状寸法	204	5-10-2	形状寸法	245

資料表6　目次対比表（第6章）

平成12年版便覧		平成29年版便覧	
第6章　維持管理	207	第6章　維持管理	249
6-1　基本的な考え方	207	6-1　基本的な考え方	249
6-2　点　検	209	6-2　点　検	251
6-2-1　斜面工に対する点検	209	6-2-1　**のり面・斜面**に対する点検	251
6-2-2　対策工に対する点検	211	6-2-2　**落石対策施設**に対する点検	254
6-3　斜面の維持管理	212		
6-4　落石予防工の維持管理	213	6-3　落石予防**施設**の維持管理	256
6-4-1　概　説	213	6-3-1　概　説	256
6-4-2　ワイヤロープ掛工	214	6-3-2　ワイヤロープ掛・**ロープ伏せ**	257
6-4-3　グラウンドアンカー工	215	6-3-3　グラウンドアンカー	259
6-4-4　ロックボルト工	216	6-3-4　ロックボルト	260
6-4-5　根固め工	217	6-3-5　根固め	261
6-4-6　排水工	218	6-3-6　排水**施設**	262
6-4-7　編柵工	218	6-3-7　編　柵	262
6-4-8　吹付工	219	6-3-8　吹　付	263
6-4-9　張　工	220	6-3-9　張	264
6-4-10　のり枠工	220	6-3-10　のり枠	265
6-5　落石防護工の維持管理	221	6-4　落石防護**施設**の維持管理	266
6-5-1　概　説	221	6-4-1　概　説	266
6-5-2　落石防護網・防護柵・防護棚・防護擁壁の維持管理	222	6-4-2　落石防護網	266
		6-4-3　落石防護柵	267
		6-4-4　落石防護棚	269
		6-4-5　落石防護擁壁	269
6-5-3　ロックシェッドの維持管理	224	6-4-6　ロックシェッド	271
		6-4-7　**落石防護土堤・溝**	274

資料表7　目次対比表（資料編）

平成12年版便覧		平成29年版便覧	
資料編		資料編	
1．落石の実態	239	1．落石の実態	277
1-1　落石の素因と誘因	239	1-1　落石の素因と誘因	277
1-2　地震時の落石の実態	244	1-2　地震時の落石の実態	282
2．落石の運動と衝撃力	253	2．落石の運動と衝撃力	291
2-1　落石の跳躍量に関する実験例	253	2-1　落石の跳躍量に関する実験例	291
2-1-1　まえがき	253	2-1-1　まえがき	291
2-1-2　実験の方法	254	2-1-2　実験の方法	292
2-1-3　実験結果	256	2-1-3　実験結果	294
2-2　落石による衝撃力	268	2-2　落石による衝撃力	306
2-2-1　まえがき	268	2-2-1　まえがき	306
2-2-2　落石衝撃力の推定式	269	2-2-2　落石衝撃力の推定式	307
2-2-3　落石の衝撃力に関する実験例	274	2-2-3　落石衝撃力に関する実験例	312
2-2-4　三層緩衝構造	283	2-2-4　三層緩衝構造	323
2-3　崩土の衝撃力	286	2-3　崩土の衝撃力	326
2-3-1　衝撃力の算定式	286	2-3-1　衝撃力の算定式	326
2-3-2　衝突速度の算定式	287	2-3-2　衝突速度の算定式	326
2-3-3　流動土砂の単位体積質量	288	2-3-3　流動土砂の単位体積質量	328

資料表 7（続き）　目次対比表（資料編）

平成 12 年版便覧	平成 29 年版便覧
2-3-4　土塊厚または崩土の流動深　288	2-3-4　土塊厚または崩土の流動深　328
3. 各種の安定度判定の基準，指針等　291	3. **安定度判定方法の例**　331
3-1　はじめに　291	3-1　はじめに　331
3-2　平成 8 年度道路防災総点検の「落石・崩壊に関する安定度評価手法」291	3-2　**平成 18 年度道路防災点検の「落石・崩壊に関する安定度評価手法」**　331
3-3　旧落石対策便覧（昭和 58 年 7 月発行）の落石危険度判定手法　300	
3-4　高速道路調査会の落石危険度判定方法（案）　303	
4. 調査事例　313	4. 調査事例　339
4-1　調査と安定度判定　313	4-1　概査と安定度判定　339
4-1-1　概査の流れ　313	4-1-1　概査の流れ　339
4-1-2　空中写真判読と斜面区分　313	4-1-2　空中写真判読と斜面区分　339
4-1-3　現地踏査と安定度判定　318	4-1-3　現地踏査と安定度判定　341
4-2　精　査　319	4-2　精　査　344
4-2-1　精査の流れ　319	4-2-1　**落石平面図の作成と安定度評価**　344
4-2-2　壁面の図化　319	4-2-2　**落石エネルギーの算定と対策工選定のための整理**　346
4-2-3　詳細現地調査　321	
4-2-4　検討内容　322	
5. 落石防護工の被害の実態　324	5. 落石防護施設の被害の実態　348
5-1　まえがき　324	5-1　まえがき　348
5-2　調査目的　324	5-2　調査目的　348
5-3　調査時期および調査担当機関　325	5-3　調査時期および調査担当機関　349
5-4　調査対象地点　325	5-4　調査対象地点　349
5-5　調査方法　325	5-5　調査方法　349
5-6　調査結果および考察　326	5-6　調査結果および考察　350
5-7　結　論　338	5-7　結　論　364
6. 落石予防工の設計・施工例　341	6. 落石予防施設の設計・施工例　366
6-1　根固め工　341	
6-2　ロックボルト併用吹付工　342	
6-3　グラウンドアンカー併用のり枠工　348	
6-4　編柵工　353	
6-5　ワイヤロープ掛工　353	6-1　ワイヤロープ掛　366
7. 落石防護工の設計例　359	7. 落石防護施設の設計例　371
7-1　ロックシェッド　359	
7-1-1　PC 製ロックシェッド　359	
7-1-2　RC 製ロックシェッド　371	7-1　RC 製ロックシェッド　371
7-2　落石防護棚の吸収エネルギーの計算例　381	
8. 落石・岩盤計測システム　387	8. 落石・岩盤計測システム　393
8-1　総　説　387	8-1　総　説　393
8-2　落石検知システム　387	8-2　落石検知システム　393
8-2-1　落石検知システムの種類　387	8-2-1　落石検知システムの種類　393
8-2-2　検知システムによる落石の検知例　388	8-2-2　検知システムによる落石の検知例　394

資料表 7（続き）　　目次対比表（資料編）

平成 12 年版便覧		平成 29 年版便覧	
8-2-3　落石検知システム		8-2-3　落石検知システム	
の問題点と将来性	392	の問題点と将来性	400
8-3　落石監視システム	393	8-3　落石監視システム	401
8-3-1　落石監視システムの概要	393	8-3-1　落石監視システムの概要	401
8-3-2　落石監視システムの事例	393	8-3-2　落石監視システムの事例	405
9．ロックシェッドデータベース	401		
10．岩盤崩壊の調査と対策	406		
10-1　まえがき	406		
10-2　岩盤崩壊の概要	406		
10-2-1　対象とする岩盤崩壊	406		
10-2-2　岩盤崩壊の形態	408		
10-2-3　岩盤崩壊の地形・地質持性	408		
10-2-4　岩盤崩壊による災害事例	409		
10-3　岩盤崩壊の調査法	410		
10-3-1　点検調査（概査）	410		
10-3-2　地質調査（精査）	410		
10-3-3　動態観測	411		
10-4　岩盤斜面の安定性の検討	413		
10-4-1　経験的手法	413		
10-4-2　計測（岩盤崩壊			
モニタリング）手法	414		
10-4-3　数値解析手法	414		
10-5　岩盤崩壊の対策	416		
10-5-1　基本的な考え方	416		
10-5-2　通行規制等による対策	416		
10-5-3　施設による対策	417		
10-6　岩盤斜面の日常管理	419		
付録　SI 単位化について	421		

　岩盤崩壊の記載の削除は，通常規模の落石に比べてその発生頻度が小さいため，便覧で解説できるほどの知識，経験が蓄積されていないことが理由と考えられる．このような現象に対しては，今後とも調査研究を進めることが必要である．

2　落石対策施設の要求性能

　平成 29 年版便覧の pp. 103–106 には，**資料表 8** にまとめたように落石対策施設の設計における配慮事項と対策施設に対する要求性能が示されている．設計における配慮事項は，平成 29 年版便覧で新たに示されたもので，これまで落石対策施設の設計を行ううえで，留意されてきた事項について，改めて整理して示されている．

資料表 8　落石対策施設の設計における配慮事項

配慮事項	内　容
1) 使用目的との適合性	落石対策施設により保護される道路が計画どおり交通に利用できる機能を有していることであり，通行者が安全かつ快適に使用できる供用性などを含む．
2) 構造物の安全性	死荷重，活荷重，降雨や地震の影響などの作用に対し，落石対策施設が安全性を有していることである．
3) 耐久性	落石対策施設に経年的に劣化が生じたとしても，使用目的との適合性や構造物の安全性が大きく低下することなく，所要の性能が確保できることである．
4) 施工品質の確保	設計における使用目的と構造の適合性や構造物の安全性を確保するための確実な施工が行える性能を有することであり，施工中の安全性も有していなければならない．このためには，構造細目などへの配慮を設計時に行うとともに，施工の良し悪しが耐久性などの性能に及ぼす影響が大きいことを認識し，品質の確保につとめる必要がある．
5) 維持管理の確実性および容易さ	供用中の日常的な点検，材料の状態の調査，補修作業などが容易に行えることであり，これは耐久性や経済性にも関連するものである．
6) 環境との調和	落石対策施設が建設地点周辺の社会環境や自然環境に及ぼす影響を軽減あるいは調和させること，および周辺環境にふさわしい景観性を有することなどである．
7) 経済性	ライフサイクルコストを最小化する観点から，単に建設費を最小にするのではなく，点検管理や補修などの維持管理費を含めた費用がより小さくなるように落石対策工を選定することが大切である．

次に，落石対策施設に対する要求性能は，道路土工構造物技術基準において道路土工構造物の要求性能が規定されたことを受けて，道路土工構造物の斜面安定施設の一つに位置付けられる落石対策施設についても，技術基準に示されている要求性能を踏まえた設計を行う必要があることから定義されたものである．道路土工構造物の性能設計においては，想定される作用に対して安全性，使用性，修復性の観点から道路土工構造物の重要度などを踏まえて要求性能の性能1から性能3のいずれかを設定して設計を行うこととなっている．平成29年版便覧に示される道路土工構造物の要求性能と重要度は，**資料表9**と**資料表10**のとおりである．

資料表 9　道路土工構造物の要求性能

性能レベル	要求性能
性能 1	道路土工構造物が健全であり，また，道路土工構造物は損傷するが，当該道路土工構造物の存する区間の道路としての機能に支障を及ぼさない性能
性能 2	道路土工構造物の損傷が限定的なものに留まり，当該道路土工構造物の存する区間の道路の機能の一部に支障を及ぼすが，すみやかに回復できる性能
性能 3	道路土工構造物の損傷が，当該道路土工構造物の存する区間の道路の機能に支障を及ぼすが，当該支障が致命的なものとならない性能

資料表 10　道路土工構造物の重要度

重要度	対象となる道路土工構造物が設置されている路線
重要度 1	下記（ア），（イ）に示す道路土工構造物 （ア）下記に掲げる道路に存する道路土工構造物のうち，当該道路の機能への影響が著しいもの 　・高速自動車国道，都市高速道路，指定都市高速道路，本州四国連絡高速道路および一般国道 　・都道府県道および市町村道のうち，地域の防災計画上の位置付けや利用状況などに鑑みて，とくに重要な道路に設置される道路土工構造物 （イ）損傷すると隣接する施設に著しい影響を与える道路土工構造物
重要度 2	上記以外の道路土工構造物

　一方，落石対策施設については，定量的な性能評価の適用が可能なものと困難なものがあることを踏まえて，平成29年版便覧では，落石予防施設と落石防護施設に分けて考え方を整理している．

　落石予防施設は，対象となる落石予備物質自体の除去や固定，風化・侵食などにより落石が生じないようにするものであるが，これらについては定量的な性能評価が現在の技術レベルでは困難であり，地盤調査の不確実性も介在する．一方で，過去に調査・設計を経て予防施設が施工された岩塊が落石災害を生じたという報告がほとんど見当たらないという実績もある．このようなことから，予防施設については，供用中に点検などにより対策効果が維持されていることを確認するとともに，予防施設に変状などが生じた場合には，必要に応じて通行規制や補修・補強などが行われることを前提に，各工種の特性を踏まえ適切な工種を選定し，過去の経験に基づく慎重な設計を行うことで所定の性能を満足するものと考え，要求性能に対する定量的な性能照査は行わないものとされている．

　一方，落石防護施設は，落石を捕捉ないしはエネルギーを減衰させることなどにより落石による道路への影響を抑制あるいは抑止するもので，工種により信頼性・精度の違いはあるものの，定量的な性能評価が可能であるとしている．このようなことから，防護施設については，常時の作用，必要に応じて地震動の作用などに対して構造物の安定性などを確保するとともに，落石の作用に対して，防護施設が，対象とする道路交通への影響を防止することが可能な配置を設定し，そのうえで，想定する落石の作用に対する防護施設の安定性や部材の強度変形などについて，防護施設の状態が要求性能を満足することを照査することとされている．

　すなわち，落石予防施設に対しては，過去の経験に基づく慎重な設計を行うことで所要の性能を満足するものとし，落石防護施設に対しては，安定性や部材の強度変形などについて要求性能を満足することを照査することとなる．

3　落石予防施設の計画・設計における改訂点

　落石予防施設の計画・設計における主な改訂点は，**資料表 11** に示すとおりである．大きな改訂点は，① ロープ伏せ工の追加と ② 覆式落石防護網を予防工として位置付けるとともに，③ 横ロープに作用する荷重の算定方法が変更になっていることである．

資料表 11　落石予防施設の設計における主な改訂点

項　目	主な改訂点	
	計　画	設　計
一般事項	・斜面崩壊に伴う落石対策については，「道路土工—切土工・斜面安定工指針」を参照． ・図 3-4 落石予防工の種類と効果の修正． ・落石対策工の選定に関する一般的な流れに関する記述が追加． ・表 3-1 落石対策の適用に関する参考表の修正． ・図 3-26 落石対策工の選定フローチャートの修正．	・「覆式落石防護網」を落石予防施設として位置付ける． ・表 4-1 落石の規模，タイプ別の主な落石予防施設の適用性の修正．
切　土	・大きな変更なし．	・小規模切土は除去工のなかに記載．
除　去	・大きな変更なし．	・平成 12 年版便覧で，除去した浮石，転石の処理法として示されていた，斜面上のふとんかごによる処理は，基本的に避ける．
接　着	・接着工の特性に関する記述の修正．	・適用実績を考慮して活用することを追記．
ワイヤロープ掛	・アンカーの岩盤固定に関する記述が削除．	・平成 12 年版便覧では「本設構造物ではなく，仮設構造物として取り扱うことが望ましい」とあったが，平成 29 年版便覧で削除． ・配置，構造に関する留意点を記述．
ロープ伏せ	・ロープ伏せの特性に関する記述が追加．	・今回の改訂で追加された． ・配置，構造に関する留意点を記述．
グラウンドアンカー	・アンカー定着地盤の確認に関する記述が削除．	・落石対策としての使用が想定されるケースが示された． ・配置，構造に関する留意点を記述．
ロックボルト	・大きな変更はなし．	・記載内容が大幅に変更． ・配置，構造に関する留意点を記述．
根固め	・根固め基礎地盤の安定に関する記述が削除．	・配置，構造に関する留意点を記述．
植　生	・植生の特性に関する記述の修正．	・記述内容が大幅に変更．
排水施設	・排水施設の特性に関する記述の修正．	・流下水の水勢処理に関する記述内容の修正．
編　柵	・表土の流出防止を図るために斜面中に設ける小規模な柵という記述に修正．	・不安定化した浮石・転石の落石化を抑止する効果がほとんど期待できないことを明示． ・木杭を用いる場合の杭長，杭間隔の見直し．

資料表 11（続き）　落石予防施設の設計における主な改訂点

項　目	主な改訂点	
	計　画	設　計
吹　付	・標準的な施工方法での施工範囲に関する記述が追加.	・不安定化した浮石・転石を安定化させる効果が期待できないことを明示. ・寒冷地域など気象条件が厳しい地域におけるモルタル吹付の吹付厚さとして 10 cm 以上が必要と明示. ・モルタル吹付，コンクリート吹付の標準配合に関する記述が削除.
張	・コンクリート張工による対策となる適用に関する記述に修正.	・張工の最小厚，水抜き孔，目地間隔に関する記述が削除.
のり枠	・のり枠の特性に関する記述に「吹付のり枠」が追加.	・現場打ちコンクリートのり枠，吹付のり枠に関する詳細な記述が削除.
覆式落石防護網	・これまで落石防護施設として扱われてきた「覆式落石防護網」を落石予防施設として位置付ける.	・金網下端を 50 cm 程度のり尻より高くする事例が多いことを記載. ・適用は，従来から用いられてきたひし形金網とワイヤロープから構成され，形状寸法もほぼ定型化しているものと記載. ・横ロープに作用する荷重の算定方法を変更. ・横ロープスパン中央と端部の張力をそれぞれ算出. ・防食加工に樹脂系塗装を追記. （6 節の，改訂点の細部解説参照）
擁　壁	・図 3-16 擁壁工の一例に示される図面の変更.	・落石対策として用いられるのは防護施設として設置される場合がほとんどであるため，「落石防護擁壁」の考え方に準拠. ・予防工として用いる場合は，土留め構造物となることから，「道路土工―擁壁工指針」を参照.

4　落石防護施設の計画・設計における改訂点

　落石防護施設の計画・設計における主な改訂点は，**資料表 12〜18** に示すとおりである．大きな改訂点は，

① 性能設計の枠組みが導入されたこと
② これまで行われてきた従来設計法を慣用設計法として適用範囲を明確化したこと
③ 性能照査としての実験的検証法を明確化したこと
④ 落石防護柵の設計における落石荷重の作用位置を柵高の 2/3 から落石の最大跳躍高としたこと
⑤ ロックシェッドの設計法について，従来の許容応力度設計法に代えて，塑性変形を考慮した弾塑性設計法が導入されたこと

である．

資料表 12　落石防護施設の設計における主な改訂点（一般事項）

計　画	設　計
・落石対策工の選定に関する一般的な流れの記述が追加. ・表 3-1 落石対策の適用に関する参考表の修正. ・図 3-26 落石対策工の選定フローチャートの修正. ・落石対策施設の要求性能に関する記述が新たに追加.	・落石荷重は，防護施設で対応すると判断した落石群のうち最大規模となるものを作用. ・跳躍高さ，到達範囲は，防護施設の防護対象となる落石のすべてを考慮に入れて設定. ・原則として要求性能に応じて限界状態を設定し，想定する作用によって生じる防護施設の状態が限界状態を超えないことを照査. ・ポケット式落石防護網・落石防護柵は，慣用設計法に従って設計・施工し，維持管理を行えば，性能照査を行ったとみなす. ・照査方法は，理論的な方法，経験・実績から妥当とみなせる方法，実験による性能検証法が示される．数値解析的手法は，標準実験を含む複数の実験結果との比較検証などにより，その信頼性を十分に検証したものである必要がある. ・使用材料の規格および物理定数は，「道路土工―擁壁工指針」に従う. ・主要材料の許容応力度は，原則として「道路土工―擁壁工指針」，「道路土工―カルバート工指針」に従う. ・許容応力度の割り増しについて，落石荷重，地震の影響，なだれ荷重，衝突荷重では，割り増し係数を 1.5 とし，それ以外は，道路橋示方書に準じて設定する.

資料表 13　落石防護施設の設計における主な改訂点（ポケット式落石防護網）

計　画	設　計
・ポケット式落石防護網の特性に関する記述の修正. ・高エネルギー吸収タイプに関する記述が追加.	・ポケット式落石防護網を「従来型ポケット式落石防護網」，「高エネルギー吸収型ポケット式落石防護網」，「その他のポケット式」の三つに分類. ・積雪地帯においては，必要に応じて積雪荷重を考慮する. ・阻止面の上端は，落石の最大跳躍高さ（落石衝突高さ）に落石半径以上，かつ，少なくとも 0.5 m 程度の余裕を確保した位置とする. ・ポケット式落石防護網の限界状態を設定. ・路側での設置では，落石衝突時に防護網の突出が道路空間の安全性を損なわないことを確認する. ・従来型ポケット式落石防護網を慣用設計法で適切に設計した場合は，性能 2 を満足するとする. ・実験による性能検証方法についての条件を明示. ・実験による性能検証を適用する場合の最小スパンは実験における標準供試体と同じとする. ・慣用設計法による防護網の有効範囲として，可能吸収エネルギーは 150 kJ 以下，防護網の有効範囲は，幅 12 m × 高さ 12 m 以下とする. ・岩盤用アンカーボルトの許容せん断応力度（短期）は，構造用鋼材および鋳鍛造品の 7 割とする.

資料表 13（続き）　落石防護施設の設計における主な改訂点（ポケット式落石防護網）

計　画	設　計
	・構造細目に (1) ワイヤロープおよび端部処理，(2) 金網，(3) 従来型以外の構造形式に用いる部材（緩衝装置など）が追加． ・金網の線径は最低 $\phi 3.2\,\mathrm{mm}$ を用い，落石外力が大きめないし，腐食しやすい環境下では $\phi 4.0\,\mathrm{mm}$ 程度を用いる． （6節の，改訂点の細部解説参照）

資料表 14　落石防護施設の設計における主な改訂点（落石防護柵）

計　画	設　計
・落石防護柵の特性に関する記述の修正． ・高エネルギー吸収タイプに関する記述が追加．	・落石防護柵を「自立支柱式」，「ワイヤロープ支持式」，「H鋼式」の三つに分類． ・「標準跳躍高さ 2 m」の記述が削除． ・必要柵高は，落石の衝突高さに落石半径以上，かつ，少なくとも 0.5 m 程度の余裕高を設ける．また，落石衝突高さに対して最低柵高の 1/2 程度の余裕高を見込む． ・積雪地帯で積雪荷重の影響を無視できない場合は，これを考慮するものとするが，積雪荷重と落石荷重は同時に考慮しなくてもよい． ・落石防護柵の限界状態を設定． ・実験による性能検証方法についての条件を明示． ・実験供試体は，3スパン（支柱 4 本）を標準とするため，実験による性能検証を適用する場合の最小スパンは 3 スパン（支柱 4 本）とする． ・慣用設計法において，落石は，最大跳躍高さにおいて防護柵に直角に衝突するものとしてよい． ・端末支柱の設計に関する記述が追加． ・落石衝突時に防護柵の突出が道路空間の安全性を損なわないことを確認する． ・柵支柱基礎根入れ部のかぶり照査について，落石荷重の作用位置が最大跳躍高さとなったことを受けて，算定式を修正． ・地中コンクリート基礎および擁壁基礎の安定性照査に関する記述が追加． ・金網の線径は最低 $\phi 3.2\,\mathrm{mm}$ を用い，落石外力が大きめ，ないし腐食しやすい環境下では $\phi 4.0\,\mathrm{mm}$ 程度を用いる． （6節の，改訂点の細部解説参照）

資料表 15　落石防護施設の設計における主な改訂点（落石防護棚）

計　画	設　計
・落石防護棚の特性に関する記述の修正．	・要求性能は，落石防護柵と同様な項目について設定する． ・部材の性能照査は，ロックシェッドに準拠する．

4 落石防護施設の計画・設計における改訂点 ◆ 195

資料表 16 落石防護施設の設計における主な改訂点（落石防護擁壁）

計 画	設 計
・落石防護擁壁の特性に関する記述の修正．	・外的安定性は，運動エネルギーが最大のときと運動量（落石質量と衝突速度の積）が最大のときの両者に対して照査する． ・擁壁は原則 50 cm 程度根入れする． ・落石作用高さは，最大跳躍高さとし，作用方向は水平とする． ・落石時には土圧を作用させる必要はない． ・擁壁高さは，落石衝突高さに落石半径以上，かつ少なくとも 0.5 m 程度の余裕高を設ける． ・防護柵基礎を兼ねる場合は，余裕高は柵の部分に見込むため，擁壁には必要ない． ・落石防護擁壁の限界状態を設定． ・慣用設計法における防護擁壁の有効長さは擁壁高さの 4 倍とするが，防護柵基礎を兼ねる場合で落石が防護柵に衝突する場合の有効長さは，さらに防護柵支柱 1 間隔分を加える． ・平成 12 年版便覧では，慣用設計法において落石衝突時の滑動に関する検討は行わなくてもよいとの記述があったが，平成 29 年版便覧では削除されている． ・慣用設計法における擁壁の安定に関する検討において堆積時は地震時に準拠する．（平成 12 年版便覧，表 5-14 荷重の組み合わせと安全率は削除）

資料表 17 落石防護施設の設計における主な改訂点（ロックシェッド）

計 画	設 計
・ロックシェッドの特性に関する記述の修正．	・ロックシェッドの設計は，落石による衝撃力を静的荷重に置き換えて許容応力度設計法を基本として行われてきたが，非常に大きな安全余裕度を有していくことが明らかになってきているとの記述が追加． ・自重の計算に用いる単位体積重量表に，発泡スチロール (EPS) が追加． ・敷砂を用いた場合の衝撃力の算出に関して，動的荷重として扱う場合のモデル化に関する記述が追加． ・敷砂厚は，落石径の 1/2 以上でかつ 90 cm を下限とする． ・三層緩衝構造を用いた場合の，衝撃力の算出式に関する記述が追加． ・衝撃力の作用面積の設定において，飛散防止材による衝撃力の分散は考慮しない．緩衝材として三層緩衝構造を用いた場合の分散は，3 m × 3 m の範囲に等分布荷重が作用するとしてよい． ・緩衝材の設置範囲は，山側背面にポケットを設けず，緩衝材は頂版上と同一の厚さでロックシェッド背面より山側斜面方向に 5 m 以上延長することが望ましいとの記述が追加． ・ロックシェッドの限界状態を設定．

資料表 17（続き）　落石防護施設の設計における主な改訂点（ロックシェッド）

計　画	設　計
	・実験や解析による性能検証に関する記述が追加． ・押し抜きせん断に対する照査方法が変更（押し抜きせん断応力度および支圧応力度の照査→押し抜きせん断耐力の照査）．

資料表 18　落石防護施設の設計における主な改訂点（落石防護土堤および溝）

計　画	設　計
・落石防護土堤，溝の特性に関する記述の修正．	・補強土などを用いた防護土堤に関する記述が追加． ・落石防護土堤および溝の高さ（深さ）および幅について，斜面高が大きい場合などにおいては，落石シミュレーションにより検証するのがよいとの記述が追加． ・のり面には，侵食，崩壊防止の鑑定も考慮して必要に応じてのり面保護工を設置する． ・クッション材の厚さは，落石径の 0.2 倍程度以上と目安とする． ・補強土を用いた土堤について，実験による性能検証方法は明示されていないが，各工法について実験などにより検証された適用範囲を確認したうえで検証された手法や仕様で設計を行う必要があるとの記述が追加．

今回の改訂においては，想定する作用に対する落石防護施設の要求性能と各落石防護施設のうち，ポケット式落石防護網，落石防護柵，落石防護擁壁，ロックシェッドに対する要求性能が示されている．**資料表 19** に，想定する作用に対する落石防護施設の要求性能，**資料表 20，21** に各防護施設について整理した結果を示す．なお，落石防護棚

資料表 19　想定する作用に対する落石防護施設の要求性能

重要度 想定する作用	重要度 1	重要度 2	摘　要
常時の作用	性能 1	性能 1	・重要度にかかわらず性能 1 を要求する．
落石の作用	性能 2	性能 2	・想定される落石作用の大きさ，想定される発生頻度と落石防護施設の重要度，斜面の特性に応じて性能 1～3 のなかから選定する． ・供用中の点検，震後対応などを通じて安全性の確認を行うなど，総合的に安全性の確保につとめる視点も重要である．
降雨の作用	性能 1	性能 1	・重要度にかかわらず性能 1 を要求する．
レベル 1 地震動の作用	性能 1	性能 2	・地震動の作用に対しては，地震動の大きさと落石防護施設の重要度に応じて性能 1～3 のなかから選定する．
レベル 2 地震動の作用	性能 2	性能 3	・供用中の点検，震後対応などを通じて安全性の確認を行うなど，総合的に安全性の確保につとめる視点も重要である．

※性能 1：安全性，使用性，修復性すべてを満たす性能．
※性能 2：安全性，修復性を満たす性能．
※性能 3：安全性を満たす性能（使用性，修復性は満足できない）．

4 落石防護施設の計画・設計における改訂点 ◆ 197

資料表 20 落石防護施設に対する要求性能（ポケット式落石防護網，落石防護柵，落石防護擁壁）

施設	性能水準							
	性能 1				性能 2			
	阻止面	ワイヤロープ	支柱	基礎	阻止面	支柱	ワイヤロープ	基礎
ポケット式落石防護網	損傷が生じない，もしくは部材交換を要しない限界の状態．	力学特性が弾性域を超えない限界の状態．※2	力学特性が弾性域を超えない限界の状態．※1	力学特性が弾性域を超えることなく，支持基礎またはアンカーを支持する地盤の力学特性に大きな変化が生じない限界の状態．	損傷の修復を容易に行いうる限界の状態．	力学特性が弾性域を超えない限界の状態．※1	損傷の修復を容易に行いうる限界の状態．※2, 3	副次的な弾塑性化に留まる限界の状態．
落石防護柵	損傷が生じない，もしくは部材交換を要しない限界の状態．	力学特性が弾性域を超えない限界の状態．※5	力学特性が弾性域を超えない，もしくは有意な傾斜を生じない限界の状態．※4	力学特性が弾性域を超えることなく，支持基礎を支持する地盤の力学特性に大きな変化が生じない限界の状態．	損傷の修復を容易に行いうる限界の状態．	力学特性が弾性域を超えない限界の状態．※4, 7 損傷の修復を容易に行いうる限界の状態．※4, 6	力学特性が弾性域を超えない限界の状態．※5, 6 損傷の修復を容易に行いうる限界の状態．※5, 7	副次的な弾塑性化に留まる限界の状態．
落石防護擁壁	損傷が生じない，もしくは補修を要しない限界の状態．※8	―	―	力学特性が弾性域を超えることなく，基礎を支持する地盤の力学特性に大きな変化が生じない限界の状態．	損傷の修復を容易に行いうる限界の状態．	―	―	すみやかな機能回復に支障となるような変形や損傷が生じない限界の状態．

※1：落石が支柱を直撃したときに損傷や変形が生じるのはやむを得ないが，支柱の損傷の進展等につながらないとともに，比較的容易に修復が可能でなければならない．支柱基礎がヒンジを装着した場合には，有意な傾斜を生じないこと．
※2：緩衝装置を装着した防護網においては，各性能水準に対して各緩衝装置に設定されている変形量・移動量以内であること．
※3：たとえば，ワイヤロープの締め直しなどで復旧が可能な状態であること．
※4：落石が支柱を直撃したときに損傷や変形が生じるのはやむを得ないが，支柱の損傷が系全体系の崩壊等につながらないとともに，比較的容易に復旧が可能でなければならない．また，支柱基部がヒンジの場合には，有意な傾斜を生じないこと．
※5：摩擦系緩衝装置を装着した防護柵については，有意な傾斜を考慮する．
※6：支柱に塑性化または，性能 2 に対して許容すべき容量以下であること．
※7：ワイヤロープに塑性化または，主たるエネルギー吸収を考慮する場合．
※8：根入れの十分でない重力式擁壁のような場合，主たるエネルギー吸収を考慮する場合．有意な滑動変位を生じないこと．

資料表 21　落石防護施設に対する要求性能（コンクリート製ロックシェッド）

施 設	性能水準			
	性能 1			
	上部構造	下部構造	下部構造（基礎）	支 承
ロックシェッド 落石防護柵	力学特性が弾性域を超えない限界の状態.	力学特性が弾性域を超えない限界の状態.	力学特性が弾性域を超えることなく，地盤の力学特性に大きな変化が生じない限界の状態.	力学特性が弾性域を超えることない限界の状態（弾性支承，鋼製支承）.
	性能 2			
	上部構造	下部構造	下部構造（基礎）	支 承
	損傷の修復を容易に行いうる限界の状態.	副次的な塑性化に留まる限界の状態.	副次的な塑性化に留まる限界の状態.	安定した力学特性を示す限界の状態（弾性支承）. 力学特性が弾性域を超えない限界の状態（鋼製支承）.
	性能 3			
	上部構造	下部構造	下部構造（基礎）	支 承
	鉛直力を保持できる限界の状態.	副次的な塑性化に留まる限界の状態.	副次的な塑性化に留まる限界の状態.	安定した力学特性を示す限界の状態（弾性支承）. 力学特性が弾性域を超えない限界の状態（鋼製支承）.

は，ロックシェッドに準拠するものとされており，落石防護土堤および溝については示されていない．

資料表 20 に示すように，ポケット式落石防護網，落石防護柵，落石防護擁壁の性能水準として，主として落石の作用に対して要求性能を満足するように計画・設計されるが，慣用設計法により設計した施設の性能水準が性能 2 を満足すると設定している．

従来型のポケット式落石防護網や落石防護柵は，長年にわたって慣用設計法を用いて設計されており，損傷は限定的ですみやかに回復できる性能 2 程度のレベルであった．また，支柱の限界状態の規定は

　「落石が支柱を直撃したときに損傷や変形が生じるのはやむを得ないが，支柱の損傷が全体系の崩壊等につながらないとともに，比較的容易に修復が可能でなければならない．また，支柱基礎や基部がヒンジの場合には，有意な傾斜を生じないこと．」

としている．有意な傾斜とは，修復を必要とするような傾斜である．これらから，道路の使用性や修復性が失われる性能 3 の設定を回避し，現状の水準を確保したと考えられる．

高エネルギー吸収型のポケット式落石防護網は，平成 29 年版便覧で示された実験方法によって性能検証することとなり，スパン中央への重錘の載荷が基本とされた．これまで一部の工種では，支柱基礎や基部がヒンジの場合，実物実験において載荷位置から離れた端支柱が跳ね上がったり，載荷位置に近い支柱が転倒するケースがみられた．このようなケースを性能 3 とすべきか全体系の崩壊とすべきかの判断は難しい．そこで，性能 2 の設定とし，有意な傾斜を認めない規定にしたと推測できる．つまり，落石が支柱を直撃した場合を除き，支柱の修復を認めないことを示すと判断できる．

高エネルギー吸収型の落石防護柵でも，支柱基礎や基部がヒンジの場合，ポケット式落石防護網と同様に性能 2 の設定とし，有意な傾斜を認めない規定にしている．また，

支柱基礎や基部が自立支柱式の場合，一部の工種では，実物実験においてほぼすべての支柱に極端な塑性変形が生じるケースがみられた．これは，性能3か全体系の崩壊のいずれかに該当すると考えられるが，その判断はやはり難しい．性能2を満足する支柱の修復を容易に行える限界の状態とは，載荷位置に近い支柱のみ大きな塑性変形がみられ，修復が最小限で済む状態である．

一方，ロックシェッドについては，一般的に落石の発生しやすい急斜面である場合や落石規模が大きい場合などに使用される場合が多いことも道路を直接覆う構造物であり，通常，地震動の作用に対する照査を実施することを踏まえて，資料表21に示すように，性能3までの状態を規定して示されたものと考えられる．

5　落石対策施設の維持管理における改訂点

落石対策施設の維持管理における主な改訂点としては，維持管理の目的と落石対策施設の点検における点検項目と着眼点が示されたことである．維持管理の目的は，道路を良好な状態に保ち，安全で円滑な交通の確保を図ることであり，落石対策においては，次の二つの役割が示されている．

①　のり面・斜面からの落石の発生に対する防災管理
②　落石対策施設自体の機能保持のための維持

のり面・斜面に対する点検項目と着眼点，留意事項について整理した結果を**資料表22**に

資料表22　のり面・斜面の点検調査における着眼点

斜面の種類	着眼点	留意事項
土砂斜面 （転石型）	・裸地や表土の変形，小崩壊箇所の転石の状態． ・木の根の成長や枯れ，倒木などの箇所の転石の状態． ・流水箇所や含水状態の高い部分の転石の状況． ・規模が大きいなど，落下時に影響の大きい転石の状態． ・路肩，対策施設などへの落石の有無や個数，規模．	・防災管理を目的とする調査は，点検の基本となる防災カルテなどの点検記録を整備し，変化事項を時系列で記録して劣化の進行状況の程度などを確認しておくことが重要である． ・明らかに開口し，明瞭な連続性や一定範囲への集中を示す場合は，落石対策施設裏の地山の動きを反映した大規模な落石や崩壊の兆候の可能性があり，必要に応じて地山の不安定化機構や不安定度を推定するための詳細調査を計画する． ・維持管理段階でものり面，自然斜面および落石対策施設の弱点をみつけて対応し，道路空間の安全を確保する取り組みが必要である．
岩盤斜面 （浮石型）	・岩盤の亀裂のずれや開口の度合いと方向，その原因および前回調査からの進展度． ・木の根の成長や枯れ，倒木などの箇所の転石の状態． ・凍結融解などの風化の進行による剥離，抜け落ち岩盤の有無． ・路肩，対策施設などへの落石の有無や個数，規模．	
のり面	・のり面の亀裂の分布，ずれや開口の方向，度合いとその原因． ・のり面保護施設の老朽化，劣化，損傷の箇所とその原因． ・路肩，対策施設などへの落石の有無や個数，規模． ・湧水および湧水跡の有無．	

示す．

　次に，各落石対策施設に対する点検項目と着眼点，留意事項について整理した結果を**資料表23〜35**に示す．なお，ロックシェッドについては，「シェッド，大型カルバート等定期点検要領平成26年6月 国土交通省道路局」の利用が可能との記載があり，点検部位や着眼点は，同要領のpp. 20–27に示されている．また，落石防護柵については，ロックシェッドに準拠して行うとあるため，同要領の利用が可能である．

資料表23　ワイヤロープ掛・ロープ伏せの点検項目と着眼点

点検部位		点検項目	着眼点	留意事項
ワイヤロープ	ロープおよび連結部材など	破断，損傷，緩み，脱落，劣化，発錆	・配置にずれや偏りはないか． ・荷重は全体的に伝達されているか． ・材料に弱点はないか．	・異常が確認された場合は，まず異常と落石荷重の関連に十分注意する必要がある．1箇所の機能低下の影響が大きい場合もあり，慎重な健全度診断が必要である． ・補修については，全体のバランスを考慮したうえで施設の追加検討を要するものであり，暫定的に部分補修を行う場合には，点検間隔を短縮するなど，監視を強化する方向で検討する．
アンカー	ジョイント部含む	固定状況	・荷重は地盤に伝わるか（抜け出しや腐食・洗掘などの有無）．	
併設構造物	補助ワイヤなど	破損，劣化	・落石の抜け出しや貫通の恐れはないか．	
周辺地山		変状	・想定外現象（崩壊，洗掘など）はないか． ※周辺に新たな小落石がないかなどもあわせて点検する．	

資料表24　グラウンドアンカーの点検項目と着眼点

点検部位		点検項目	着眼点	留意事項
頭部保護材	コンクリート，キャップ，防錆油	破損，変形，脱落，貫通，劣化，浮き	・頭部は外気や雨にさらされていないか． ・テンドンや頭部部材に破損・破断・抜け出しはないか．	・異常が確認された場合は，周辺のアンカーの残存緊張力を確認し変状原因を特定したうえで必要な対応を検討する． ・グラウンドアンカーは構造上，部分的な復旧や改善が困難な場合が多く，また，通常複数本の効果を見込んで設計されているため，代替アンカーを施工する場合も配置や打設方向に注意しつつ増打ちを行う． ・異常が広域に認められる場合は，ほかの工法を含めて対応を検討する．
テンドン	（通常みえない）	破断，突出，劣化，発錆	・頭部に押出しや破損はないか． ・材質の劣化や破損はないか． ※通常，テンドンは目視できないため，破断による抜け出しや受圧板構造のずれや破損，落下など顕著な変状を見落とさないように留意する．	
受圧構造物	のり枠，受圧板など	損傷，変形	・外力による破壊や緊張力低下によるずれ下がりはないか．	
周辺地山	構造物周辺	変状	・想定外現象（崩壊，洗掘など）はないか．	

資料表 25　ロックボルトの点検項目と着眼点

点検部位		点検項目	着眼点	留意事項
頭部保護材	コンクリート，キャップ	破損，変形，脱落，劣化（腐食）	・頭部は外気や雨にさらされていないか． ・引張材や頭部部材は健全か．	・通常，主要部材は目視できないため，頭部保護材の脱落や受圧板構造のなどに注意する必要がある． ・緩みなど軽微なものは締め付けなどで対応する． ・大規模は変状や緩みの発生に対しては，詳細調査を実施し，必要な措置を検討する． ・破断や脱落が認められた場合は，追加施工を行う． ・ロックボルトの引張材として鋼材が使用される場合が多いため，腐食による機能低下の発生には十分注意する．
	ナット，プレート	緩み，劣化	・補強材とのり面は一体化しているか．	
引張り材	（通常みえない）	破断，抜け出し，発錆	・破断，抜け出しや腐食はないか．	
受圧構造物	のり枠，受圧板など	損傷，変形	・想定外の荷重作用や機能低下はないか．	
周辺地山	構造物周辺	変状，湧水	・想定外現象（崩壊，洗掘など）はないか．	
その他	排水施設	排水状況	・詰まりや新たな湧水はないか．	

資料表 26　根固めの点検項目と着眼点

点検部位	点検項目	着眼点	留意事項
根固め部	コンクリート，石積み	破損，変形，クラック，劣化	・固定材料は健全で安定しているか． ・想定外荷重作用の兆候はないか．	・ロックボルトや差し筋を使用している場合は，コンクリートと地盤との境界部が地表水や浸透水により最も腐食しやすいところであり，赤錆の露出などを点検する． ・コンクリートは，ハンマー打撃により劣化がないか点検する． ・アルカリ骨材などによる劣化は，亀裂が細かく発達し崩壊するので目視でも判別しやすい． ・補修は，根固めの補油面が劣化した部分をはがしてモルタルや樹脂で被覆するなどの方法がある．
固定岩塊	根固めの対象	開孔・亀裂の発生，拡大	・岩塊に変動や変形の兆候はないか．	
周辺地山	構造物周辺	押し出し，洗掘	・岩塊の安定度低下はないか． ※地山は表面水や浸透水などにより石の周辺や根固め基部が侵食されやすいので，地山の風化や亀裂が進行していないか，凍上によって不安定化していないかなどを調べる必要がある．	
補強部材	H 形鋼，鉄筋など	腐食，劣化，強度低下	・錆汁の浸み出しなど（地山接触部のコンクリート表面などを含む）はないか．	

資料表 27　排水施設の点検項目と着眼点

点検部位		点検項目	着眼点	留意事項
排水溝	本　体	破損, 変形, 詰まり	・集水, 流下能力は維持されているか.	・設計時に期待した機能が発揮されていない場合は, 状況を詳細に調査したうえで必要な措置をとる. 基本的には, 施設設置時に期待された集水, 排水, 流下などの能力を確保することを念頭に, 排水溝であれば破損箇所の補修や埋塞土砂の撤去, 暗渠や管の場合は詰まりの解消などを, 周辺の洗掘などを助長しないように注意して行う.
	水路隣接部	洗掘, 溢水の痕跡	・斜面に水を供給していないか, 施設の変形や損傷につながらないか.	
	流　末	破損, 詰まり, 洗掘		
地下排水 (暗渠, ボーリング)	流　末	破損, 詰まり	・斜面に水を供給していないか.	
	周辺地山	湧　水	・想定外現象（崩壊, 洗掘など）はないか. ・施設に破損や機能低下はないか.	

資料表 28　編柵の点検項目と着眼点

点検部位		点検項目	着眼点	留意事項
編　柵	杭 柵	破損, 変形, 転倒	・浮石, 転石の周辺は安定しているか.	・基本的に植生が定着するまでの表面侵食防止を期待されており, 材料も長期的に大きな強度を発揮するものは使用されていない. このため, 植生の生育基盤の管理に準じた点検が有効である. ・植生が生育する前に編柵の機能が損なわれるような斜面では, 上方斜面からの落石や表面水の集中など, ほかの落石対策施設での対応が適する場合があるため, 注意が必要である.
	背　面	流亡, 落石	・植生が安定して生育できているか.	
周辺地山	上　部	新たな落石など	・他工法の必要はないか.	
	脚　部	洗　掘	・転倒や土砂流出の危険はないか.	
植　生	背　面	生育状況	・材料腐朽前に十分な生育が見込めるか.	

資料表 29　吹付の点検項目と着眼点

点検部位		点検項目	着眼点	留意事項
吹　付	本体表面	クラックなどの性状, 分布, 規模, 連続性	・背後地山の変形（斜面変動, 凍上）や吹付の変形, 剥離, 劣化はないか.	・吹付は表層の風化侵食抑制ののり面保護施設であり, 維持管理もこの観点で風化侵食防止機能とそれに関連した表面のひび割れの程度や湧水の排水状況などに着目した点検, 管理を行うのがよい. ・局所的な劣化に対しては, 地山補強土などを併用した部分的な補強も可能であるが, 機能低下や変状の状況によっては, 再施工や他工法による更新も視野に入れた検討が必要である.
	本体背面	空洞形成（打音）	・背後地山の洗掘, 流失による吹付の不安定化はないか.	
	目　地	開口, ずれ, 劣化	・背後地山の変形, 流失や吹付の落下の恐れはないか.	
	排水孔	湧水, 詰まり	・水圧作用や地山劣化による吹付破損や土砂流出の恐れはないか.	
		土砂流出		
周辺地山	吹付周辺	変　状	・想定外現象（崩壊, 洗掘など）はないか.	

資料表 30　張の点検項目と着眼点

点検部位		点検項目	着眼点	留意事項
張	本体表面	クラックなどの性状, 分布, 規模, 連続性	・背後地山の変形, 洗掘, 流出や張自体の変形, 劣化, 機能低下はないか.	・張は表層の風化侵食抑制のためののり面保護施設であり, 主としてコンクリートによるものが施工されている. ・機能の低下は, 表面の不陸やずれの拡大, 背面土砂の流出などで顕在化する場合が多い. ・点検で確認された以上の状況に応じてクラックなどの補修や排水孔の清掃, あるいは張のコア抜きや背面地山でのボーリング調査などを行う. ・地山の変動に起因する以上の場合には, 斜面安定対策を検討する必要がある.
	目地	開口, ずれ, 劣化	・背後地山の変形, 流失や部材落下の恐れはないか.	
	基礎	変形, 亀裂, 沈下	・斜面変動や基礎の沈下はないか.	
	排水孔	湧水, 詰まり	・水圧作用や地山劣化による張の破損や土砂流出の恐れはないか.	
		土砂流出		
周辺地山	張周辺	変状	・想定外現象(崩壊, 洗掘など)はないか.	

資料表 31　のり枠の点検項目と着眼点

点検部位		点検項目	着眼点	留意事項
のり枠	枠本体	クラックなどの性状, 分布, 規模, 連続性	・背後地山の変形(斜面変動, 凍上)や構造物からの荷重による変形, 破損や劣化による表層剥離などはないか.	・枠で直接抑えられていない部分で耐食の低い金網などを使用している場合は, 枠内の侵食が進行して小落石が発生する場合があるため, 注意が必要である. ・枠内のみの異常は, 中詰工で対応, その他の変状などへの対応は, のり枠の変状の原因を特定したうえで行う. ・グラウンドアンカー, ロックボルトの受圧構造物となる場合には, それぞれの着眼点を追加する. ・異常に対してのり枠単独での対応が困難な場合は, 斜面対策の検討を行う必要がある.
	枠内, 枠背面	空洞形成(打音)	・背後地山の洗掘, 流失による転石の顕在化はないか.	
	目地	開口, 劣化状況	・背後地山の変形, 流失による枠の変形や不安定化はないか.	
中詰	基礎材	侵食, 流失	・植生の生育に問題はないか.	
	植生	生育・定着状態	・地山表面は保護されているか.	
周辺地山	のり枠周辺	変状	・想定外現象(崩壊, 洗掘など)はないか.	

資料表 32　落石防護網の点検項目と着眼点

点検部位		点検項目	着眼点	留意事項
ワイヤロープ	本体	変形, 損傷, 腐食, 配置, 緊張状態	・設計荷重に対して不足や弱点はないか. ・落石経路をカバーしているか.	・落石防護網は金網の破損や取り付け金具の変形などを放置すると危険であるため, 常に早急な補修ができるような準備をしておく必要がある. ・ワイヤロープの破損, アンカーの浮き上がりがある場合は, 現状の耐荷力や安定性に問題がないかチェックする. ・高頻度で繰り返し破損が発生するような場合は, 斜面の安定度が相対的に低下していることも懸念されるため, 十分注意する. ・落石防護網設置部で年月を経て植生が繁茂しているものは, 表面の風化が進行し, より規模の大きな崩落を引き起こす危険性があるため注意を要する.
	アンカー	抜きだし, ぐらつき	・荷重は地盤に伝わるか.	
	支柱（ポケット式）	変形, 傾動, 損傷, 腐食	・跳躍に対する開口高さは十分か. ・落石荷重に対して安全か.	
	金具類	変形, 損傷, 腐食	・必要な機能, 断面積は維持されているか.	
	緩衝装置	動作状況	・既往落石による機能低下はないか.	
金網	本体	垂れ下がり	・跳躍に対する開口高さは十分か.	
		衝突位置（痕跡）	・落石経路, 跳躍高を網羅しているか.	
		裾部開口状況	・道路への落石の危険性はないか.	
		変形, 損傷, 腐食	・落石荷重に対して安全か.	
	落石, 土砂	堆積量（死荷重）	・想定荷重（量）を超過していないか.	
		堆積速度	・斜面の安定度が低下していないか.	
	植生	接触状態	・頭部, 裾部の開口量に悪影響がないか.	
周辺地山	設置範囲外	変状, 落石痕跡	・発生源範囲に変化はないか. ・想定外現象（崩壊, 洗掘など）はないか.	

資料表 33 落石防護柵の点検項目と着眼点

点検部位		点検項目	着眼点	留意事項
支柱	本体	変形,損傷,腐食	・設計荷重に対して不足や弱点はないか.	・落石防護柵は,落石による変形,損傷がないか点検するとともに,ワイヤロープのたわみの程度や索端金具の状態を点検し,必要に応じて緊張する. ・鋼材部の腐食状態や防塗装錆の時期などを見定めておく必要がある. ・背面側に土砂が多量に堆積している場合は,柵への死荷重の増加や落石衝突位置の上方への遷移など,施設の設計条件との相違が大きくなる恐れがあるため,排除する必要がある.
		衝突位置（痕跡）	・落石経路をカバーしているか.	
	基礎	変形,損傷,劣化	・設計荷重に対して安全か.	
ワイヤロープ	本体	変形,損傷,腐食	・必要な機能,断面積は維持されているか.	
	金具類			
	緩衝装置	動作程度	・既往落石による機能低下はないか.	
金網	本体	変形,損傷,腐食	・機能の低下や部材の欠損はないか.	
		衝突位置（痕跡）	・跳躍時の飛び越えの恐れはないか.	
	落石,土砂	堆積量（死荷重）	・想定荷重（量）を超過していないか.	
		堆積高さ	・跳躍による衝突高さの上昇はないか.	
		堆積速度	・斜面の安定度が低下していないか.	
周辺地山	設置範囲外	変状,落石痕跡	・発生源に変化はないか. ・設置範囲を逸脱していないか. ・想定外現象（崩壊,洗掘など）はないか.	

資料表 34　落石防護擁壁の点検項目と着眼点

点検部位		点検項目	着眼点	留意事項
本体	壁体	変状の性状,分布,規模,連続性	・構造物として安全,健全か. ・設置範囲は落石経路をカバーしているか.	・落石防護擁壁は,ずれ,傾斜などの変形について主に安定に対する確認を行う. ・ポケットに堆積した土砂などは,落石が落下したときに擁壁や柵に直接当たらずにこれらが損傷することを防ぐ役割を果たすとともに,路上へ落下することを防止するためにも有効である.したがって,土砂溜まりは土石などの排除を堆積状況に応じて実施する必要がある.
	前面勾配	局所変化		
	目地	ずれ,開口状況	・背後地山の変形,押し出し,沈下などを伴っていないか. ・構造物自体は安定か.	
	排水孔	湧水,詰まり	・水圧作用や地山劣化による擁壁の破損や背後地山の洗掘,流失はないか.	
		土砂流出		
ポケット	裏込部	新たな落石	・発生状況に変化はないか(規模,停止位置,堆積速度).	
		裏込土(流失など)	・擁壁不安定化の兆候はないか.	
		堆積量,衝突痕	・堆積による空容量の減少はないか.	
周辺地山	基礎部	洗掘,不等沈下	・擁壁不安定化の兆候はないか.	
	周辺	変状,落石痕跡	・発生源に変化はないか. ・設置範囲を逸脱した落石はないか. ・想定外現象(掘削,洗掘など)はないか.	
	排水溝	流水機能	・破損や閉塞による擁壁周辺への水供給はないか.	

資料表 35　落石防護土堤・溝の点検項目と着眼点

点検部位		点検項目	着眼点	留意事項
本体	堤体	変状の性状,分布,規模,連続性	・背後地山の変形,流失や土堤の変形,破損,剥離,劣化はないか.	・落石防護土堤や溝は,想定した落石の補捉,誘導機能の発揮状況,地形は異変による斜面安定への影響,地表水,地下水の処理などに注意した点検が必要である. ・ポケットは,落石が発生したときにこれを補捉し,路上への落下を防止することを目的とすることから,定期的に土石などの排除を実施する.
ポケット	ポケット	新たな落石	・発生状況に変化はないか.(規模,停止位置,堆積速度)	
		空き容量	・堆積による空き容量減少,落石の乗り越えの恐れがないか.	
周辺地山	基礎部	洗掘,不等沈下	・想定外現象(崩壊,洗掘など)はないか.	
	周辺	変状,落石痕跡	・発生源に変化はないか. ・設置範囲を逸脱した落石はないか. ・想定外現象(崩壊,洗掘など)はないか.	

6 改訂点の細部解説

1〜5節において，平成29年版便覧と平成12年版便覧を対比することで，改訂点の全体像を示した．本節では，さらに改訂に伴って解説を必要とする技術的事項を抽出し，詳細な説明を行う．記述する事項は以下のとおりである．

① 覆式落石防護網の横ロープに作用する荷重算定の変更（便覧 pp. 133–134）
② ポケット式落石防護網および落石防護柵の実験による性能照査方法の規定（便覧 pp. 159–161, pp. 181–182）
③ 落石防護柵の端末支柱の設計方法（便覧 p. 188）
④ 落石防護柵の擁壁基礎または直接基礎における柵支柱根入れ部のかぶり照査の変更（便覧 p. 190）
⑤ 落石防護工の設計における性能水準と設計手法の考察

6.1 覆式落石防護網の横ロープに作用する荷重算定の変更

資料表36 に示すように，平成12年版便覧での横ロープ張力 T は，平成29年版便覧では T_A, T_B に変更された．

平成12年度版便覧では，横ロープ張力は，$T = \dfrac{wl^2}{8f}$ で表されている．しかし，平成29年度版便覧で示されているように，$H_A = H_B = \dfrac{wl^2}{8f}$ は横ロープ端部張力の水平成分であるため，式の記載に関して平成12年度版便覧に誤りがあった．

6.2 落石防護柵の端末支柱の設計方法

平成29年版便覧では，落石防護柵の端末支柱の設計法が記載された．記載されている設計法は以下のとおりである．

① 落石防護柵に落石が衝突したときに端末支柱に作用する荷重として，落石を直接受け止める2本のワイヤロープに降伏張力 T_y を作用させ，その他のワイヤロープには初期張力を作用させる．
② 支柱と控え材（あるいは控えワイヤロープ）からなる構造系に上記の荷重を作用させ，部材応力を算定する．なお，支柱にH鋼を用いる場合，曲げ剛性が弱軸方向となることに注意する．
③ 曲げ引張応力度が許容値以下であることを確認する．
④ 控え材（斜材）につては，圧縮応力度が座屈を考慮した許容応力度以下であることを確認する．
⑤ 控え材（斜材）と端末支柱との連結ボルトについては，「道路橋示方書・同解説 II 鋼橋編」に準じて設計する．

平成12年版便覧では，端末支柱の検討手法については各メーカーに委ねられていた．

資料表36 覆式落石防護網の横ロープに作用する荷重算定の変更 [1],[2]

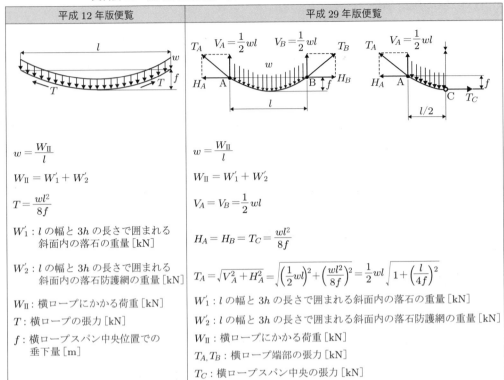

平成12年版便覧	平成29年版便覧
$w = \dfrac{W_{\mathrm{II}}}{l}$ $W_{\mathrm{II}} = W'_1 + W'_2$ $T = \dfrac{wl^2}{8f}$ W'_1: l の幅と $3h$ の長さで囲まれる斜面内の落石の重量 [kN] W'_2: l の幅と $3h$ の長さで囲まれる斜面内の落石防護網の重量 [kN] W_{II}: 横ロープにかかる荷重 [kN] T: 横ロープの張力 [kN] f: 横ロープスパン中央位置での垂下量 [m]	$w = \dfrac{W_{\mathrm{II}}}{l}$ $W_{\mathrm{II}} = W'_1 + W'_2$ $V_A = V_B = \dfrac{1}{2}wl$ $H_A = H_B = T_C = \dfrac{wl^2}{8f}$ $T_A = \sqrt{V_A^2 + H_A^2} = \sqrt{\left(\dfrac{1}{2}wl\right)^2 + \left(\dfrac{wl^2}{8f}\right)^2} = \dfrac{1}{2}wl\sqrt{1 + \left(\dfrac{l}{4f}\right)^2}$ W'_1: l の幅と $3h$ の長さで囲まれる斜面内の落石の重量 [kN] W'_2: l の幅と $3h$ の長さで囲まれる斜面内の落石防護網の重量 [kN] W_{II}: 横ロープにかかる荷重 [kN] T_A, T_B: 横ロープ端部の張力 [kN] T_C: 横ロープスパン中央の張力 [kN] H_A, H_B: 横ロープ端部の張力の水平成分 [kN] f: 横ロープスパン中央位置での垂下量 [m] （$f \fallingdotseq 0.1l$ と仮定する）

外力を例にとれば，防護柵延長15m（支柱間を3m，塑性変形する中間支柱が2本，健全な中間支柱が少なくとも2本ある最低延長モデル）で作用するロープ張力を採用するなど，メーカーごとの対応が分かれていた．平成29年版便覧では，より安全側への配慮としてロープの降伏張力を採用している．また，これまでの端末支柱の被災事例を鑑みて，端末部は健全であるべきとの点に重点を置き，支柱と控え材は許容応力度以内で設計することや連結ボルトの設計手法などの細部について記載された．

6.3 落石防護柵の擁壁基礎または直接基礎における柵支柱根入れ部のかぶり照査の変更

作用高さは平成12年版便覧では柵高の2/3で固定されていたが，平成29年版便覧では，**資料表37**に示すように，衝突位置に見合う作用高さに変更された．

落石防護柵における落石の衝突位置は一律ではないため，任意の位置に変更されたと考えられる．

---

1) 日本道路協会：落石対策便覧，2000.
2) 日本道路協会：落石対策便覧，2017.

資料表 37 落石防護柵の擁壁基礎または直接基礎における柵支柱根入れ部のかぶり照査の変更 [1),2)]

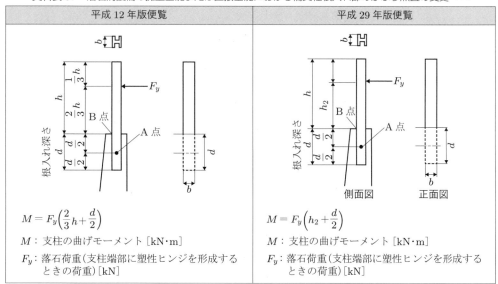

6.4 落石防護工における落石作用に関する性能水準と設計手法の考察

資料表 19～21 に示すように，平成 29 年版便覧では落石作用に対して防護工の限界状態に見合う要求性能をおおむね性能 2 としているが，ケースによっては性能 1 や性能 3 が合理的との記載もある (p. 144).

落石作用に対する工種ごとの要求性能と設計手法に関する対応は，以下のようにまとめられる．

① 従来型防護網・防護柵

性能 1→頻度が高い落石または最大落石対象（損傷なしもしくは部材交換不要・道路機能への影響なし）→設計手法が明記されていないため個別の検討が必要

性能 2→最大落石対象（修復容易・道路機能早期回復）→慣用設計法

性能 3→記載なし

② 高エネルギー吸収型防護網・防護柵

性能 1→頻度が高い落石または最大落石対象（損傷なしもしくは部材交換不要・道路機能への影響なし）→メーカーの設定・実験による照査

性能 2→最大落石対象（修復容易・道路機能早期回復）→メーカーの設定・実験による照査

性能 3→記載なし

③ 防護擁壁

性能 1→頻度が高い落石または最大落石対象（損傷なしもしくは補修不要・道路機能への影響なし）→設計手法が明記されていないため個別の検討が必要

性能2→最大落石対象（修復容易・道路機能早期回復）→慣用設計法

　　性能3→最大落石対象（耐力が大きく低下・道路機能は安全性のみ確保）→設計手法が明記されていないため個別の検討が必要

④　ロックシェッド

　解説では，「弾塑性応答を把握する」とする説明があり (p. 218)，「落石の動的荷重」の設定の記載がある (p. 224)．「性能2」「性能3」では照査項目として降伏・終局曲げモーメントや降伏耐力の記載がある (p. 233)．しかし，これ以外の説明はなく，具体的な塑性設計の考え方は示されていない．

　また，設計手段として「十分な信頼性のある応答値が得られるような数値解析法を用いることを原則とする」，「三次元動的解析により実施してもよい」としている (p. 234)．

　資料編・設計例では，基本的に二次元骨組解析で決定するが，落下高さ1/5で静的弾性解析を行い落下高さ5/5で材料の弾塑性特性モデルを設定して三次元解析で動的弾塑性解析を行って決定している (p. 373)．動的弾塑性解析では，降伏曲げモーメントと比較しているので性能2での照査レベルとみられる．

参考文献

[1] 日本道路協会：落石対策便覧，2017．
[2] 日本道路協会：落石対策便覧，2000．
[3] 国土交通省道路局：シェッド，大型カルバート等定期点検要領，2014．

索　引

■英数字
1 質点系モデル　55
ALARP 領域　177
RMS 速度振幅　57
RMS 速度振幅比　56, 59, 63, 64, 70, 74, 76

■あ 行
安定領域　63, 70, 74
浮石型落石　2
上向きの軌跡　49
運動エネルギー　153, 174
エネルギー吸収性能　129
鉛直方向跳躍量　28
鉛直落下式　102, 103
凹凸斜面　35, 52

■か 行
崖錐　22, 29
崖錐斜面　9
回転運動　12, 17
回転半径　14
確率密度関数　17
確率論的質点系解析法　11
緩衝装置　106, 108, 120, 126, 157, 172, 174
慣性モーメント　14
岩接着モルタル工法　54, 88
完全接着　76
岩盤斜面　24
岩盤崩壊　1
慣用設計法　4, 135, 154, 182, 192, 198
許容応力度設計法　4, 192
空気抵抗係数　14
限界状態　182
限界速度　15, 52
減衰エネルギー　154
減衰係数　159
減衰定数　55, 57, 59, 64, 70, 74, 76
建築限界　178
剛性比例型減衰　153
コヒーレンス　59
個別要素法　11
コンクリート充填鋼管支柱　119

■さ 行
再現性　19
最高点　49
最大速度振幅比　55
最大跳躍距離　40
最大跳躍量　25
最適平滑化区間　173
最適要素サイズ　162, 164, 173
三次元シミュレーション　176
シェル要素　152, 156, 173
時間積分法　152
実験的検証法　4, 182, 192
質量比例型減衰　153
斜面垂直方向跳躍量　28
斜面接線方向　37
斜面特性　2
重錘形状　97, 102, 103
重錘質量　98, 102, 103
重錘の回転　99, 102, 104
重錘の衝突角度　102, 104
重錘の入射角度　99
重錘モデル　155
重錘落下実験　143
終端速度　3, 8, 9
充填効果　71, 76
周波数応答関数　55, 57
周波数分析　56
重要度　189
重力の加速度　13
衝撃曲げ実験　129
衝突位置　208
衝突運動　12
衝突エネルギー　100, 102, 104
衝突速度　98, 102, 104
振動特性　56
信頼区間 95%　17
スペクトル比　55
すべり運動　12, 17
スレーブ　153, 173
正規乱数　17
静的曲げ実験　129
性能照査　4, 182, 192
性能照査実験　96, 100, 102, 108, 115, 121, 126, 128
性能照査方法　94, 148
性能水準　198
性能設計　4, 182, 189, 192

■た 行
接触アルゴリズム　153
接触条件　173
接触判定　158
接線反発係数　15, 47
接着効果　54, 71, 76, 77
線運動　12, 36, 52
遷急点　30, 32, 35, 36
相関係数　22
ソリッド要素　152, 155, 173
そりモデル　9

■た 行
卓越周波数　55, 57, 59, 63, 70, 74, 76
多面体　97, 102, 103
弾塑性設計法　4, 182, 192
端末支柱　207
長大斜面　18
跳躍運動　12, 17, 36, 40
跳躍の軌跡式　37
跳躍量　3, 33, 49
跳躍量の予測　25, 52
停止位置　18
転石型落石　2
等価摩擦係数　8, 9, 22, 24
到達時間　37
到達率　22, 29
動的応答倍率　56
動的非線形有限要素解析　148
道路空間　178
突起や凹凸　30
飛び出し角度　36, 39, 40, 46, 49
飛び出し速度　36, 40, 47

■な 行
内部エネルギー　154, 174
入射角度　15, 40, 46, 47
入射速度　15, 47, 49
粘性抵抗係数　13
のり面小段　31

■は 行
ハザードマップ　176
梁要素　152, 156, 157, 173
反射角度　15, 40, 46, 47, 49
反射速度　15, 49
反発係数　46

不安定領域　63, 70, 74
復元性　141, 146
復元率　141
覆式落石防護網　191
腐食対策　180
プレパックドコンクリート化　89
不連続変形法　11
平滑化区間　159, 161
並進運動エネルギー　96, 99
平坦斜面　35, 52
ペナルティー法　153
法線反発係数　15
放物線　37, 47
ポケット式落石防護網　193, 194, 196–198

■ま　行

マスター　153, 173

密着状態　76

■や　行

陽解法　152, 173
要求性能　4, 177, 182, 188, 196, 198, 209
溶接構造用遠心力鋳鋼管　129
要素サイズ　173
要素密度　155
抑止杭　128
横ロープ張力　207

■ら　行

落石危険度振動調査法　55, 56
落石シミュレーション　8, 9, 25, 40
落石の発生源　18
落石防護柵　194, 196–198
落石防護棚　194, 198

落石防護擁壁　195–198
落石リスク　176, 177
落下速度　3
落下高さ　22
離散要素　152, 157
累積誤差　160
レール滑走方式　96
ロープ伏せ工　191
ロックシェッド　4, 182, 192, 195, 196, 198, 199

■わ　行

ワイヤロープ掛工　77

著 者 略 歴

勘田　益男（かんだ・ますお）
　1955 年　富山県南砺市生まれ
　1977 年　日本大学文理学部地理学科卒業
　2012 年　福井大学にて提出論文により学位（論文博士）取得
　現　在　（株）相和コンサルタント　技術顧問
　　　　　博士（工学），技術士（建設部門・総合技術監理部門）
　著　書　構造物の衝撃挙動と設計法（共著），土木学会，1994
　　　　　落石対策工設計マニュアル，理工図書，2002
　　　　　斜面防災・環境対策技術総覧（共著），産業技術サービスセンター，2004
　　　　　岩盤崩壊の考え方──現状と将来展望──［実務者の手引き］（共著），土木学会，2004

西川　幸成（にしかわ・ゆきなり）
　1971 年　石川県白山市生まれ
　1994 年　金沢工業大学工学部土木工学科卒業
　1996 年　金沢工業大学大学院工学研究科土木工学専攻修了
　2012 年　金沢大学大学院自然科学研究科環境科学専攻博士後期課程修了
　現　在　（株）国土開発センター　建設コンサルタント本部　設計事業部　技師長
　　　　　博士（工学），技術士（総合技術監理部門，建設部門──土質及び基礎，河川砂防及び海岸・海洋），地質調査技士，地すべり防止工事士

中村　健太郎（なかむら・けんたろう）
　1981 年　山口県山口市生まれ
　2004 年　鹿児島大学工学部海洋土木工学科卒業
　現　在　（株）シビル　創造技術部次長
　　　　　1 級土木施工管理士，防災士

編集担当　富井　晃・大野裕司（森北出版）
編集責任　藤原祐介（森北出版）
組　　版　藤原印刷
印　　刷　同
製　　本　同

落石対策工の設計法
　　落石運動の予測から性能評価まで
　　　　　　　　　　　　　　　　　　© 勘田益男・西川幸成・中村健太郎　2019
2019 年 2 月 28 日　第 1 版第 1 刷発行　　【本書の無断転載を禁ず】

著　　者　勘田益男・西川幸成・中村健太郎
発 行 者　森北博巳
発 行 所　森北出版株式会社
　　　　　東京都千代田区富士見 1-4-11（〒 102-0071）
　　　　　電話 03-3265-8341／FAX 03-3264-8709
　　　　　https://www.morikita.co.jp/
　　　　　日本書籍出版協会・自然科学書協会　会員
　　　　　JCOPY ＜（一社）出版者著作権管理機構　委託出版物＞
　　　　　落丁・乱丁本はお取替えいたします．
　　　　　　　　　Printed in Japan／ISBN978-4-627-48571-6

MEMO

MEMO

MEMO

MEMO

MEMO